城市"四水一体"
绿色可持续发展新模式探究

张相忠　王晋　著

山东大学出版社
SHANDONG UNIVERSITY PRESS
·济南·

图书在版编目(CIP)数据

城市"四水一体"绿色可持续发展新模式探究 / 张
相忠,王晋著.—济南:山东大学出版社,2022.5
　ISBN 978-7-5607-7526-5

　Ⅰ. ①城… 　Ⅱ. ①张… 　②王… 　Ⅲ. ①城市用水—水
资源管理—可持续性发展—研究—青岛 　Ⅳ. ①TU991.31

中国版本图书馆 CIP 数据核字(2022)第 083767 号

策划编辑　曲文蕾
责任编辑　李昭辉
封面设计　王秋忆

出版发行　山东大学出版社
社　　址　山东省济南市山大南路 20 号
邮政编码　250100
发行热线　(0531)88363008
经　　销　新华书店
印　　刷　济南乾丰云印刷科技有限公司
规　　格　720 毫米×1000 毫米　1/16
　　　　　16.75 印张　292 千字
版　　次　2022 年 5 月第 1 版
印　　次　2022 年 5 月第 1 次印刷
定　　价　76.00 元

内容简介

　　本书紧紧围绕"水"这一主题，以青岛市的水资源为研究对象，系统介绍了城市水资源可持续利用的相关模型、方案与体系，阐述了"海绵城市"的规划建设方法，具有较强的实践参考与借鉴意义。本书共分为上下两篇，上篇为城市水资源可持续利用规划研究，下篇为"海绵城市"的规划建设探索。

　　本书可作为广大从事城市水资源可持续利用规划人员、从事"海绵城市"规划建设工作者以及高校相关专业教育工作者的参考书，也可为城市水资源的利用规划及"海绵城市"的规划建设提供参考。希望本书能帮助青岛市及其他城市在城市水资源、水生态、水环境、水文化等方面创造更高的经济效益、社会效益和环境效益。

前　言

在新跨越的发展形势下,解决城市"水资源可持续利用""水环境治理""水生态修复""水安全管控"等与水有关的问题,并提供决策参考和科学指导,是笔者写作本书的初衷和出发点。首先需要明确指出的是,"四水一体"并不仅仅是指以上四个方面水问题的整体统筹管理,而是指所有与水相关问题的统称,比如水环境、水生态、水安全、水文化、水景观、水文明等众多与水相关的问题。因此,所谓的城市"四水一体",实际上指的是"四水""五水"乃至"多水"的协同共治与统筹管理;对应的新模式是指在"四水一体"的目标与条件下,城市发展由快速蔓延式城市化发展模式转型为绿色可持续发展的新模式。

对人类的生存和发展来说,水资源是一种不可替代的自然资源,是实现经济社会和生态环境可持续发展的物质基础,是一种战略性的经济资源,是综合国力的有机组成部分,也是人口、经济、社会、资源、环境、生态等因素协调发展的关键控制性因素。2021 年 10 月 8 日,在中共中央、国务院印发的《黄河流域生态保护和高质量发展规划纲要》的总体要求中,规定的主要原则之一就是坚持量水而行、节水优先,即把水资源作为最大的刚性约束,坚持以水定城、以水定地、以水定人、以水定产,合理规划人口、城市和产业发展。基于此,本书通过相关分析得出:在所有的水问题中,城市的"水资源可持续利用"问题可作为所有与水相关问题的引领性问题。本书共分为上下两篇,上篇为城市水资源可持续利用规划研究,下篇为"海绵城市"的规划建设探索。这两篇的研究与分析对象均为青岛市或青岛市的部分区域。

在上篇中,笔者基于以水资源承载力为目标的系统动力学模型(SD),构建了青岛市水资源可持续利用体系,确定了工业产值增加率、万元工业产值用水量、城市化率、人口增长率、绿地道路用水定额、城市生活用水定额、农村生活用水定额、农业灌溉用水定额、污水处理率、污水再生回用率、淡化水产能、引调水供水量、蓄水供水量共 13 个变量,以此为青岛市水资源供需平衡体系中的关键控制变量;制定了适用于青岛市水资源可持续利用的综合发展型方案,确定了"客水＞地表水＞雨水＞再生水＞海水淡化水＞地下水"的当前青岛市水源供水次序,提出了多条适用于当前青岛市水资源可持续利用的建议。

在下篇中,笔者首先对城市雨水资源综合利用的意义、城市水体的规划、城市雨水管网规划、城市雨水利用工程决策、城市雨水渗透设施规划、"海绵城市"综合监测系统等内容进行了归纳和总结分析。然后,笔者对"海绵城市"的规划建设理论进行了探讨。本篇的相关研究以青岛市西海岸新区核心区这一示范区为实践分析对象,系统阐述了如何进行"海绵城市"的规划建设设计。在示范区推广应用研究的过程中,笔者还对"海绵城市"的指标进行了考核,将低影响开发(LID)贡献指数 λ 引入"海绵城市"规划,用来科学地确定各"海绵城市"地块建设的优先时序;同时,对"海绵城市"带来的综合效益进行了定量计算,提出了"虽然'海绵城市'具有雨水防洪防涝功能与涵蓄雨水资源的功能,但'海绵城市'的防洪是相对性的,涵蓄雨水资源是绝对性的"等观点,并通过数据进行了论证说明。

本书的支撑项目"城市水资源可持续利用体系概念规划研究——以青岛市为例"与"实现海绵型城市的规划探索——以青岛市为例"已全部通过山东省住房和城乡建设厅组织的成果验收与评价,评价委员会认为相关成果达到了国内领先水平,其中"实现'海绵城市'的规划探索——以青岛市为例"荣获 2019 年度山东省自然资源科学技术一等奖。上述两个项目提出的创新点已经教育部科技工作站 L16 查新验证,其涉及的成果已在青岛市节约用水办公室、青岛市水利勘测设计研究院有限公司、青岛市西海岸新区海洋高新区(中央活力区)等单位应用转化。

综上所述,本书以青岛市为例,系统地介绍了城市水资源可持续利用的模型、方案与体系,系统阐述了"海绵城市"的规划建设方法,同时相关研究成果也得到了业界的认可,具有较强的实践参考与借鉴意义。在此,笔者也欢迎水资源相关专业的教育工作者、城市水资源规划利用工作者、"海绵城市"规划建设工作者及相关人员等选读本书,并进行相关的交流与探讨。

由于作者水平有限,书中难免存在错误和不足之处,在此敬请读者朋友批评指正。

张相忠　王晋

2022 年 1 月 17 日

目　录

下篇　"海绵城市"的规划建设探索

上篇 城市水资源可持续利用规划研究

SHANGPIAN
CHENGSHISHUIZIYUAN
KECHIXULIYONG
GUIHUAYANJIU

第一章　城市水资源可持续利用研究概述

第一节　城市水资源可持续利用研究的背景与意义

　　水资源是人类生存和发展中不可替代的自然资源,是实现社会经济可持续发展的物质基础,同时也是战略性的经济资源,是综合国力的有机组成部分,是人口、经济、社会与资源、环境、生态等因素协调发展的控制性因素。随着经济社会的不断发展及水资源不合理开发利用现象的加剧,世界各国普遍出现了水资源短缺、水资源污染等问题。如何对水资源进行可持续利用,已提到各国、各城市发展建设的日程上。我国的水资源时空分布不均,人均水资源占有量较少,农业需水量大,粗放式农业耗水量大,加之近几十年经济发展相对较快,面源污染日趋严重,用水效率相对较低,从而导致水资源危机突出。为了解决种种水资源问题,自中华人民共和国成立以来,党和政府一直将有关水文科学、水资源利用的研究和水利工程建设摆在比较重要的位置,并取得了长足的进展。尽管如此,由于我国经济社会发展过程中的特殊性,现在水资源问题已成为制约我国部分城市经济社会可持续发展的关键因素,也决定了今后我国必须实行以水资源可持续开发利用支撑整个社会经济可持续发展的战略。

　　水资源可持续利用是从事水资源方面研究的指导思想,水资源承载能力是水资源可持续利用的有效保障措施和重要研究内容,水资源合理配置是实施水资源可持续利用的主要手段和具体措施,而正确的水资源科学管理模式是水资源可持续利用的合理向导。作为山东半岛蓝色经济区的核心区域,目前青岛市的水资源严重短缺,水资源总量不足,时空分布不均,制约着当地经济社会的可持续发展。随着城镇化和社会经济的迅速发展,青岛市水资源开发利用中的很多问题也日益凸显,如水资源缺乏,供需矛盾较为突出;当地水资源开发利用率较高;当地水资源开发潜力有限,开发难度越来越大,地表水和地下水的开发利用基本达到了水资源可开采量的阈值;个别地区集中式饮用水水源水质未达到或低于地表水Ⅲ类标准,县级集中式饮用水水源水质安全未得到有效保障,供水人口在 10000 人或日供水规模在 1000 m³ 以上的农村饮用水水源地规范化建设水平还有较大的提升空间等。

因此,为了尽快满足当前改革发展新举措对水资源所提出的新需求,需要我们尽快研究在新跨越发展形势下的城市水资源可持续利用问题,进而为青岛市水资源的可持续利用建设和决策提供科学的指导。

第二节　水资源可持续利用研究进展

一、水资源可持续利用的内涵

"可持续利用"是可持续发展中用于可再生自然资源利用的术语,非再生自然资源的利用是无"持续"可言的。按照可再生资源和非可再生资源的定义,水资源完全属于可再生资源,因为水是可以重复利用的。水资源可持续利用是以可持续发展理论为基础的,是可持续发展理论这个大系统的一个重要组成部分。水资源可持续利用是可持续发展框架下水资源开发利用的一种新模式,是水资源综合开发、利用、保护、防治与管理统一体最合理的利用方式。水资源可持续利用的目标是根据可持续发展理论,依托经济、生态系统,支持和维护自然及社会的可持续发展,其中心任务是开发利用水资源,发展经济,保护环境,永续地满足当代人和后代人发展用水的需求。

目前,关于水资源持续利用的内涵尚无统一的定义。武汉大学(原武汉水利水电学院)的冯尚友教授等在 1997 年将水资源持续利用的内涵概括为:"在维持水的持续性和生态系统整体性的条件下,支持人口、资源、环境与经济协调发展和满足代内和代际人用水需要的全部过程。"[①]水资源能否被世代地持续利用下去,维持全社会的可持续发展和代际间的共同繁荣,主要取决于人类利用

---

① 冯尚友,梅亚东.笔谈:水与可持续发展——定义与内涵[J].水科学进展,1997,8(4):381-382.

水资源的方式与行为。这不仅需要人与自然、人与人之间的和谐关系,需要开发利用水资源的方式合理,开发利用限度不超过水资源的承载能力,还需要一定的社会、科技条件支持和人与自然、人与人之间的伦理道德规范约束。

笔者认为,水资源持续利用的内涵包括以下几个方面:

(1)水资源可持续利用的根本目的就是保证水资源开发利用的连续性和持久性,支持社会经济与生态环境的持续、稳定发展。

(2)水资源开发利用不仅要满足当前的发展需求,而且要将后代的发展需要考虑在内,当代人在开发利用现有水资源的同时,要做到不损害、不降低后代人用水的权利和水平,为后代人开发水资源留下各种选择的余地。

(3)公平合理地共享水资源,在满足本行业、本部门、本地区和本国的用水需求的同时,要保证其他行业、其他部门、其他地区和其他国家的用水需求,不能损害其他行业、其他部门、其他地区和其他国家用水的可靠性和安全性。

(4)水资源可持续利用的"利用"不但是指水资源的使用,而且包括水资源的开发、使用、管理、治理、保护的全过程。在对水资源进行索取的同时,更意味着投入,这些与水有关的活动都是为了使水资源在促进人与自然、社会经济与环境协调发展中发挥应有的作用。

(5)水资源的可持续利用不能超越人类的认识水平、生活水平和需求状况,不能脱离地区社会经济发展和水资源条件的实际情况,要通过因地制宜地应用科学技术及采用规划、建设和管理等人为干预措施来实现。

二、国内研究现状

(一)水资源可持续利用理论研究

1995年,沈大军等将水资源利用划分为初期利用、综合利用及合理利用三个阶段,系统阐述了水资源合理利用的背景、定义和内涵。[①] 同年,冯尚友等论述了水资源生态经济复合系统存在的客观性,并进一步探讨了水资源可持续利用的原则、理论、方法及措施。1997年,冯尚友依据可持续发展理论,阐述了水资源可持续性的存在依据、支持条件、发展模式和演变控制等,并在此基础上建立了水资源持续利用的实践框架。[②] 2000年,白军红等提出了可持续发展的代

① 参见沈大军,陈传友,苏人琼.水资源利用历史回顾及水资源合理利用[J].自然资源,1995,(3):39-44.
② 参见冯尚友,梅亚东.笔谈:水与可持续发展——定义与内涵[J].水科学进展,1997,8(4):381-382.

5

际公平和机会均等原则,建立了实现水资源可持续开发利用的水资源财富代际转移模型。[1] 2006 年,文俊等为建立系统性和具有可操作性的区域水资源可持续利用预警评价的理论框架,从方法论的角度阐述了区域水资源系统、区域水资源可持续利用和区域水资源可持续利用预警评价的基本概念,论述了区域水资源可持续利用系统的预警原理和调控原理,提出了区域水资源可持续利用预警评价方法论。[2] 2007 年,陈康宁等将生态经济理论应用于水资源的可持续利用,研究探讨了水资源开发利用的阈值、与生态系统的相互依赖性、熵定律的约束等问题,认为生态经济理论在水资源可持续利用方面具有重要的应用价值。[3] 2017 年,刘楚烨采用“水足迹”理论核算、考查了江苏省的“水足迹”,评价了江苏省水资源可持续利用的现状和发展趋势,为制定合理的水资源管理政策提供了科学依据,并对水资源管理提出了创新对策。[4] 2018 年,梁青芳等以临汾市为研究区域,针对临汾市水资源紧缺、水污染、地下水超采等不合理开发利用的问题,运用模糊层次分析法-投影寻踪综合模型(FAHP-PP),对临汾市 2005~2014 年的水资源状况及可持续利用能力进行了分析与评价。[5] 2019 年,杨光明等在对重庆市的工业状况、人口规模、自然环境等进行分析的基础上,将模糊数学隶属度与系统动力学相结合,构建了水资源承载力可持续发展的指标评价体系及系统动力学模型,设计了正常发展、经济优先、环境优先、绿色发展四种水资源承载力情景,并对各种情景下的水资源承载力可持续发展能力进行了动态评价与仿真预测,最终得出结论认为,绿色发展模式对重庆市的水资源承载力发展具有更好的普适性与拓展性。[6]

(二)水资源可持续利用指标体系的建立及评价研究

建立水资源可持续利用指标体系时,应遵循科学、实用、简捷的原则选取指

① 参见白军红,余国营.中国水资源可持续开发利用模型及对策[J].水土保持通报,2000,20(3):38-40.

② 参见文俊,吴开亚,金菊良,等.基于信息熵的农村饮水安全评价组合权重模型[J].灌溉排水学报,2006,25(4):43-47.

③ 参见陈康宁,董增川.基于生态经济理论的水资源可持续利用问题探讨[J].水科学进展,2007,18(6):923-929.

④ 参见刘楚烨.基于水足迹理论的江苏省水资源可持续利用评价研究[D].南京:南京农业大学硕士学位论文,2017.

⑤ 参见梁青芳,杨宁宁,董洁,等.基于 FAHP-PP 模型的临汾市水资源可持续利用能力评价[J].河南科学,2018,36(5):760-764.

⑥ 参见杨光明,时岩钧,杨航,等.长江经济带背景下三峡流域政府间生态补偿行为博弈分析及对策研究[J].生态经济,2019,35(4):202-209+224.

标。我国的水资源可持续利用指标体系主要包括水资源承载力评价指标体系和综合评价指标体系两种。水资源承载力评价指标体系包括社会经济承载能力、水环境容量、人口承载能力、需水量和可供水量五大类。按子系统特性,综合评价指标体系可分为自然社会指标、经济指标和生态指标;按水资源系统特性,综合评价指标体系又可分为水资源可供给性、水资源利用程度及管理水平、水资源综合效益三大类。

　　基于可持续利用的研究思路,水资源可持续利用指标体系的建立方法主要包括系统发展协调度模型、系统层次法、压力-状态-反应(PSR)结构模型、生态足迹分析法、归纳法、不确定性指标模型、区间可拓法、系统预警法、属性细分理论法这九类。目前,水资源可持续利用指标体系的评价方法主要包括综合评分法、多元统计法、不确定性评判法、协调度法、多维标度法、层次分析法、模糊综合评价法、系统动力学法、人工神经网络模型、生态足迹法等。

　　例如,2001 年,方创琳结合投入-产出模型、层次分析法、系统动力学模型、生产函数模型等方法,建立了柴达木盆地水资源优化配置基准方案。[①] 2003年,潘峰等采用基于欧氏贴近度的模糊物元分析方法,评价了西安市的水资源可持续利用水平。[②] 2007 年,李飞等基于可持续利用的内涵,从社会经济、生态环境与水资源的关系出发,构建了水资源可持续利用评价指标体系,并分析了各综合评价方法的优缺点。[③] 2009 年,戴天晨等提出了投影寻踪模型(PP)与模糊层次分析法(FAHP)相结合的区域水资源可持续利用评价模型,并以上海市水资源可持续利用情况(1998~2007 年)为例进行了验证。[④] 2010 年,董四方等从水资源复杂系统的角度,结合驱动力-压力-状态-影响-响应(DPSIR)框架概念模型,构建了水资源系统脆弱性评价指标体系。[⑤] 同年,白洁等依据系统属性细

　　① 参见方创琳.区域可持续发展与水资源优化配置研究——以西北干旱区柴达木盆地为例[J].自然资源学报,2001,16(4):341-347.

　　② 参见潘峰,梁川,王志良,等.模糊物元模型在区域水资源可持续利用综合评价中的应用[J].水科学进展,2003,14(3):271-275.

　　③ 参见李飞,贾屏,张运鑫,等.区域水资源可持续利用评价指标体系及评价方法研究[J].水利科技与经济,2007,13(11):3-5.

　　④ 参见戴天晨,吕力.空间叙事机制探究:程序设计在 OMA 建筑中的表现和意义[J].建筑师,2020,(1):14-21.

　　⑤ 参见董四方,董增川,陈康宁.基于 DPSIR 概念模型的水资源系统脆弱性分析[J].水资源保护,2010,26(4):1-3+25.

分理论,选取 70 个指标构建了甘肃省水资源可持续利用评价模型①;同年,汤湨
等将综合评价法与熵权法相结合,构建了水资源可持续利用评价指标体系的层
次结构模型,并以南京市为例进行了验证。② 2015 年,为克服突变级数法中人
为指标重要性排序的主观性,曲志菁提出了将突变级数法与熵权法相结合的评
价模型,对大连市 2002~2012 年水资源可持续利用情况进行了评价。③ 2017
年,姚娜等以湖州市为例,以 2 年为步长,选取了 2011 年、2013 年、2015 年的水
资源开发利用指标和经济社会指标,将协同学应用于湖州市的水资源可持续利
用评价体系。④ 2020 年,朱光磊等以吉林省为研究对象,采用生态足迹模型,从
时空的角度对吉林省的水资源生态足迹进行了分析。⑤

三、国外研究现状

国外水资源可持续利用体系的建立及评价主要包括国家、地区及流域三种
研究尺度,相关指标体系分为质量指标、动态指标、受损指标、水文地质化学指
标和交互作用指标。其中,国家水资源可持续利用指标体系的特点是具有高度
的宏观性,指标数目少;地区水资源可持续利用指标体系的特点是指标种类数
目相对较多,强调生态状况;流域水资源可持续利用指标体系的特点是强调环
境、经济、社会综合管理,保护自然资源(特别是水资源),使其对社会、经济和环
境的负面影响最小。

在水资源的开发利用中,国外的学者们将可持续发展理念应用于水资源管
理,从而缓解了面临的水资源危机。例如,1998 年,文森特提出,可以通过比较
每个流域的水的可利用量、需水量和潜在量来确定水的可持续性指标。⑥
2000 年,博塞尔通过研究,建立了区域水资源可持续利用指标体系,并定量计算

---

① 参见白洁,王学恭.基于属性细分的甘肃省水资源可持续利用评价[J].人民黄河,2010,32(5):
58-59+61.

② 参见汤湨,王腊春.基于熵权法的南京市水资源可持续利用评价[J].四川环境,2010,29(1):
75-79.

③ 参见曲志菁.城市水资源可持续利用评价与预测研究[D].大连:大连理工大学硕士学位论文,
2015.

④ 参见姚娜,陈方,甘升伟,等.协同学在水资源可持续利用评价中的应用研究[J].水文,2017,
37(6):29-34.

⑤ 参见朱光磊,赵春子,朱卫红,等.基于生态足迹模型的吉林省水资源可持续利用评价[J].中国农
业大学学报,2020,25(9):131-143.

⑥ 参见 VICENTE P P B. Water resources in Brazil and the sustainable development of the semi-
arid north east [J].Water Resources Development,1998,14(2):183-189.

了水资源、社会经济和环境子系统的生存、能效、安全、自由、共存等基本定向指标指数。[①] 2001 年,拉奥认为系统的可持续开发利用评价的本质是进行多目标、效力和风险性分析,他运用遥感和地理信息系统(GIS)相结合的方法,评价了水资源和土地资源的可持续利用水平。[②] 2007 年,马格里(Magheri)等提出了促进城市水资源系统可持续发展的监控系统方案。[③] 2010 年,塞缪尔(Samuel)等在对加纳北部五个地区的水库水质进行分析的基础上,提出了具有前瞻性的水资源可持续利用管理策略[④];同年,施奈德(Schneider)提出了造成全球性水危机的成因,并从生态角度的八个原则入手,提出了全球性水资源可持续利用管理的基本对策。[⑤] 奥尔加(Olga)研究了在社会生态系统中水资源可持续利用的评价管理方法,并将其应用于沿海农业中,以实现环保目标,这种方法主要考虑了环境问题和人类的活动属性,通过利用敏感指数评价水资源利用管理系统,通过实例验证了该评价系统的可持续性。[⑥] 2019 年,阿德洛登(Adelodun)等以韩国的淡水资源为研究对象,基于联合国粮农组织(Food and Agriculture Organization of the United Nations,FAO)提出的质量平衡模型与粮食作物产量,评估了粮食浪费的水足迹。阿德洛登等的研究还表明,相当于韩国分配给农业的总水资源的 40% 因粮食浪费而损失,而这些可观的资源本来可以保存或有效地用于其他水资源所需方面。[⑦]

[①] 参见 BOSSEL H. The human actor in ecological-economic models: policy assessment and simulation of actor orientation for sustainable development[J]. Ecological Economics, 2000, 35 (3): 337-355.

[②] 参见 RAO D P. A remote sensing-based integrated approach for sustainable development of land water resources[J]. Transactions on Systems, Man and Cybernetics Part C: Applications and Reviews, 2001, 31(2): 207-215.

[③] MAGHERI A, HJORTH P. A framework for process indicators to monitor for sustainable development: practice to an urban water system[J]. Environment, Development and Sustainability, 2007, 9(2): 143-161.

[④] SAMUEL J, LOUIS A, FRANK N, et al. Water quality status of dugouts from five districts in Northern Ghana: implications for sustainable water resources management in a water stressed tropical savannah environment[J]. Environmental Monitoring and Assessment, 2010, 167(1-4): 405-416.

[⑤] SCHNEIDER R L. Integrated watershed-based management for sustainable water resources[J]. Frontiers of Earth Science in China, 2010, 4(1): 117-125.

[⑥] OLGA L U P, AINA G G, ANDRES G G, et al. Methodology to assess sustainable management of water resources in coastal lagoons with agricultural uses: an application to the Albufera lagoon of Valencia (Eastern Spain)[J]. Ecological Indicators, 2012, 13(1): 129-143.

[⑦] ADELODUN B, CHOI K S. Exploring sustainable resources utilization: interlink between food waste generation and water resources conservation[M]. Agricultural Civil Engineering, Institute of Agricultural Science & Technology, Kyungpook National University Press, 2019, 408-408.

四、国内外研究分类

综合国内外关于城市水资源可持续利用的最新研究进展,笔者认为,水资源可持续利用体系可分为用模糊数学方法评估城市水文极值灾害风险、以 GIS 为工具研究大型城市水资源管理、多准则进行城市水资源供需分析、大型城市水文模型、水质模拟城市水体综合状态的表达指标、城市水资源和水环境承载能力计算模型等。

第三节 研究内容

针对青岛市的水资源可持续利用问题,本篇主要进行了以下方面的研究:

(1)在分析青岛市水资源现状的基础上,从水污染、水生态、水安全与水资源这四个方面梳理了青岛市水资源可持续利用中存在的问题,分析了青岛市水资源可持续利用的必要性。

(2)根据可持续利用的内涵,针对青岛市水资源存在的相关问题,从突出保障水资源、防治水污染、修复水生态、维护水安全、加大全流域整治工作力度等方面,分析了青岛市水资源可持续利用的保护政策,对相关政策进行了归纳总结。

(3)根据水资源可持续利用的相关理论和方法,结合青岛市雨水资源、海水淡化水资源、客水资源、再生水资源等水资源的情况,以水资源承载力为核心指标,构建了城市水资源可持续利用体系;同时,提出了一套科学合理的青岛市水资源高效利用体系,确定了各种水资源的利用优先级,使城市水资源的可持续利用更具有可操作性。

(4)提出了青岛市虚拟水战略的可行性分析与建议,为缓解青岛市的水资源危机开辟了一条新的道路。

第四节 关键技术

本篇在研究中采用的关键技术有以下几种:

(1)概念规划。概念规划是指介于发展规划和建设规划之间的一种新的方法,它不受现实条件的约束,而比较倾向于勾勒在最佳状态下能达到的理想蓝图。概念规划强调思路的创新性、前瞻性和指导性,所以笔者在研究中选择了概念规划。

(2)GIS 技术与遥感(RS)技术。GIS 技术与 RS 技术用于水生态、水环境、水资源等相关评价指标的提取、分析与监测,可以为水资源的可持续利用评价提供数据源。

(3)系统动力学模型。系统动力学(system dynamics,SD)模型由美国麻省理工学院的杰伊·福斯特(Jay W. Forrster)教授于 1956 年创立,其能够对多变量的系统进行较好的仿真模拟,反映出复杂系统的内在机制。水资源承载力系统是由水资源、社会经济和环境组成的复杂系统,具有动态性与复杂性等特征,适合用系统动力学模型进行模拟。

(4)多目标问题优化法。在多目标优化过程中,任何目标都不可偏否,必须强调目标间的协调发展,所以多目标问题优化法应运而生。多目标问题优化法包括两方面的内容:一方面是目标间的协调处理,另一方面是多目标优化算法的设计。已有研究表明,多目标问题优化法适用于水资源的优化配置。

(5)层次分析法(analytic hierarchy process,AHP)是将总是与决策有关的元素分解成目标、准则、方案等层次,在此基础上进行定性和定量分析的决策方法。笔者在研究中利用层次分析法,解决了青岛市水资源优化配置过程中权重确定的问题。

(6)虚拟水战略。虚拟水战略是指缺水国家和地区通过贸易的方式从富水国家和地区购买水密集型农产品(尤其是粮食),以此来获得水和粮食安全。国家和地区之间的农产品贸易实际上是以虚拟水的形式在进口或者出口水资源。

第五节　研究的技术路线

本篇研究的技术路线(见图 1-1)如下:

(1)搜集资料,查阅文献,确定研究方法。

(2)分析青岛市水资源开发利用的现状。

(3)分析青岛市水资源存在的问题。

(4)结合"海绵城市"专项规划、"河长制"与"湾长制"等工程措施与管理制度,归纳总结了青岛市水资源面临的问题的解决对策。

(5)基于水资源承载力这一核心参考标准,构建了城市水资源可持续利用体系。

(6)基于多目标问题优化法,确定了各种水资源配置优先级。

(7)分析了青岛市实施虚拟水战略的可行性,提出了相关建议。

(8)对以上研究内容进行了总结与展望。

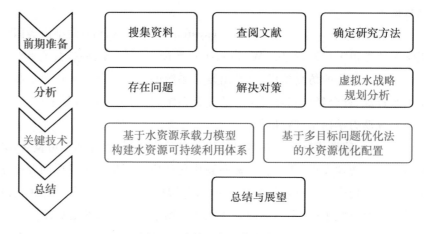

图 1-1　本篇研究的技术路线

第六节　本章小结

在当前水资源问题已成为制约我国部分城市经济社会可持续发展的关键因素的情况下,我国必须实行以水资源可持续开发利用支撑整个社会经济可持续发展的战略。本章阐述了城市水资源可持续利用研究的研究意义、研究内涵、研究现状、研究内容、关键技术、技术路线等内容。

从本篇研究的技术路线可以看出,本研究首先具体分析了研究对象,即青岛市的水资源开发利用现状,分析了青岛市水资源开发利用中存在的问题及解决对策。然后,基于水资源承载力这一核心参考标准,构建了城市水资源可持续利用体系;同时,基于多目标问题优化法确定了各种水资源配置优先级。最后,结合实际情况,分析了青岛市实施虚拟水战略的可行性,提出了相关建议。

第二章　青岛市概况

第一节　自然地理与社会经济

青岛市地处山东半岛东南部,位于东经 119°30′～121°00′,北纬 35°35′～37°09′,东、南濒临黄海,西、西南分别与潍坊、日照毗邻,东北与烟台毗邻,是国家计划单列市、全国首批沿海开放城市、国家历史文化名城、国际港口城市和滨海旅游度假城市。青岛全市总面积为 11282 km²,其中,市区(市南区、市北区、李沧区、崂山区、黄岛区、城阳区、即墨区,共七区)面积为 5226 km²;胶州、平度、莱西三市面积为 6067 km²。青岛市海域总面积为 12240 km²,海岸线长 782.3 km,1956～2010 年平均降雨量为 691.6 mm,属于滨海缺水性城市。

2019 年,青岛市上下坚持以习近平新时代中国特色社会主义思想为指导,认真贯彻落实习近平总书记视察青岛市时发表的重要指示,加快推进"中国—上海合作组织地方经贸合作示范区""军民融合创新示范区""中国(山东)自由贸易试验区青岛市片区"等重大战略的实施。在市委、市政府的坚强领导下,青岛市经济呈现稳中有进、稳中有新、稳中提质的发展态势,为加快建设开放、现代、活力、时尚的国际大都市奠定了基础。

据青岛市统计局发布的《2020 年青岛市统计年鉴》,2019 年青岛市国民生产总值(GDP)为 11741.31 亿元,按可比价格计算,增长了 6.5%(见图 2-1)。其中,第一产业增加值为 409.98 亿元,增长了 1.6%;第二产业增加值为 4182.76 亿元,增长了 4.7%;第三产业增加值为 7148.57 亿元,增长了 8.0%(见图 2-2);人均 GDP 达到 124282 元。截至 2019 年年底,青岛市常住总人口

为 949.98 万人,增长 1.12%,其中市区常住人口为 645.20 万人,增长了
1.57%。2019 年青岛市全年农业增加值为 436.2 亿元,增长了 2.0%;青岛市
全部工业增加值为 3159.86 亿元,增长了 2.8%;青岛市服务业实现增加值
7148.57 亿元,增长了 8.0%,占 GDP 的比重为 60.9%,比上年提高了 1.3 个百
分点,对经济增长的贡献率为 70.4%。青岛市常住人口城镇化率达到
74.12%,比上年提高了 0.45 个百分点。

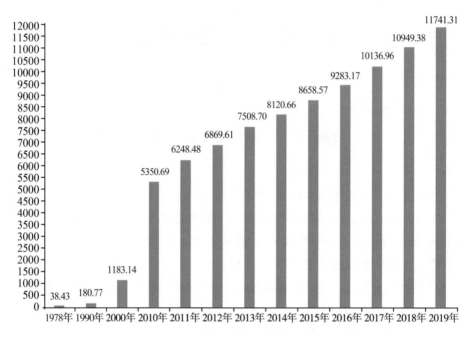

图 2-1　部分年份的青岛市国民生产总值(单位:亿元)

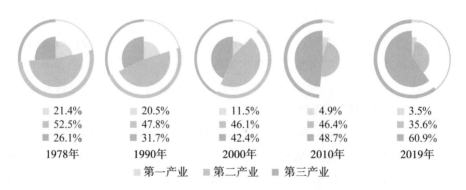

图 2-2　青岛市国民生产总值的构成比例

第二节　环境质量

据《青岛市生态环境状况公报》,2019 年青岛市环境空气的质量总体上呈现持续改善的趋势,空气质量排名居山东省前列,主要大气污染物浓度同比改善明显;地表水、集中式饮用水水源地水质保持良好、稳定,省控地表水考核断面水质全部达标;近岸海域水质总体良好;环境安全态势保持平稳。

2019 年,青岛市区环境空气中细颗粒物($PM_{2.5}$)、可吸入颗粒物(PM_{10})、二氧化硫(SO_2)、二氧化氮(NO_2)、臭氧(O_3)浓度分别为 37 $\mu g/m^3$、74 $\mu g/m^3$、8 $\mu g/m^3$、32 $\mu g/m^3$、147 $\mu g/m^3$,一氧化碳(CO)浓度为 1.5 mg/m^3。SO_2、NO_2、O_3、CO 浓度符合《环境空气质量标准》(GB 3095—2012)中的二级标准,$PM_{2.5}$、PM_{10} 浓度超出二级标准。SO_2 浓度为《环境空气质量标准》实施以来的历年最低水平。青岛市区空气质量优良率为 78.6%,排山东省第 2 位;主要污染物 O_3、SO_2、$PM_{2.5}$、PM_{10}、NO_2、CO 浓度由好到差,分别排山东省第 1、2、3、3、3、5 位,均处于山东省前列。

2019 年,青岛市降水 pH 值年均值为 6.69,好于酸雨限值(5.65)。青岛市已经连续多年无酸雨。

2019 年,青岛市城镇集中式饮用水水源地水质达标率为 100%(扣除地质因素影响)。纳入《青岛市落实水污染防治工作行动计划实施方案》的 94 个地表水断面中,常年断流的有 13 个,水质达到或优于地表水Ⅲ类标准的断面有 39 个,同比增加 4 个;劣Ⅴ类断面有 7 个,同比减少 4 个。桃源河等个别河流水质未达到考核目标要求。

2019 年,青岛市近岸海域水质状况总体良好,98.8%的海域符合第一、第二类海水水质标准。胶州湾 74.8%的海域符合第一、第二类海水水质标准,同比提高 1.1 个百分点。胶州湾东北部海域、大沽河口附近海域水质较差。青岛市近岸海域的主要污染物为无机氮。

2019 年,青岛市累计完成农村污水治理的行政村为 1340 个,治理率达到 24.96%;新完成农村环境整治的村庄为 124 个,农村人居环境得到持续改善。

第三节　青岛市主要水系

青岛市地处胶东半岛,其河流均为季风区雨源型河流。青岛市流域面积在50 km²及以上的河流有74条,流域面积100 km²及以上的河流有41条,流域面积1000 km²及以上的河流有4条。在流域面积50 km²及以上的河流中,本市河流有55条,跨市河流有19条,全部为省内跨市河流。流域面积1000 km²及以上的河流全部为跨市河流,其中大沽河跨青岛市与烟台市,北胶莱河跨青岛市、潍坊市与烟台市,南胶莱河跨青岛市与潍坊市,小沽河跨青岛市与烟台市。

一、大沽河水系

大沽河水系包括主流大沽河及其诸多支流,主要支流有潴河、小沽河、五沽河、落药河、流浩河、南胶莱河、桃源河。

（一）主流

大沽河发源于招远市东北部的阜山,在莱西市道子泊村进入青岛地区,在胶州市东营盐场和城阳区潮海盐场之间注入胶州湾,干流全长199 km,是胶东半岛最大的河流,流域面积6205 km²,其中在青岛市辖区内的流域面积为4781 km²,占青岛市总面积的42%,是青岛市一条主要的防洪、排涝河道,被誉为青岛市的"母亲河"。

（二）主要支流

大沽河水系的主要支流有潴河、小沽河、五沽河、落药河、流浩河、南胶莱河、桃源河。

1.潴河

潴河发源于烟台市莱阳崤山东麓,流经莱阳、莱西的五处乡镇,纳七星河、草泊沟、马家河之水,于望城街办辇子头村西北汇入大沽河,干流全长55 km,流域面积413 km²。1958年,在莱西市高格庄北兴建了高格庄水库,水库总库容 1.961×10^7 m³,兴利库容 7.88×10^6 m³。

2.小沽河

小沽河发源于莱州市的马鞍山,于南墅镇孙家村西入莱西市,沿莱西和平度的边界南流,于平度石家曲堤村入大沽河,干流全长86 km,流域面积

1015 km²。1970 年,在其上游兴建了北墅水库,水库控制流域面积为 301 km²,总库容 4.961×10^7 m³,兴利库容 2.237×10^7 m³。小沽河有两条较大的支流,分别是黄同河和潴洞河。其中,在潴洞河支流上建有尹府水库,总库容 1.4458×10^8 m³,兴利库容 7.380×10^8 m³。尹府水库是青岛市区和平度市工业和生活的供水水源之一,兼顾农业灌溉。

3.五沽河

五沽河发源于莱西市众水村东,沿莱西市和即墨市边界,流向由东向西,纳龙化河、幸福河、狼埠沟之水,于即墨市袁家庄汇入大沽河干流,干流全长 41 km,流域面积 703 km²。

4.落药河

落药河发源于平度市小古迹山北侧,向东南流经公家、铁岭庄至河北大泊村东,纳王戈庄之水,再折向西南,纳响水河、小方湾河、堤沟河、东新河后,至崖头村后入大沽河,干流全长 35 km,流域面积 242 km²。

5.流浩河

流浩河发源于即墨市灵山镇金家湾村北,横贯即墨市中部,由东向西至岔河南汇入大沽河,干流全长 35 km,流域面积 384 km²。流浩河上游建有宋化泉水库,总库容 2.461×10^7 m³,兴利库容 1.525×10^7 m³。

6.南胶莱河

南胶莱河发源于平度市姚家村分水岭南侧,在胶莱镇刘家花园处流入胶州市,经胶东镇汇入大沽河,干流全长 30 km,流域面积 1562 km²。南胶莱河的主要支流有胶河、墨水河及清水河等。

7.桃源河

桃源河系大沽河左岸末级支流,发源于即墨市普东镇桃行村,自东向西流至蓝烟铁路附近并折向南流过铁路,在城阳区下疃村西北入大沽河,干流全长 35 km,流域面积 300 km²。桃源河上游建有挪城水库,总库容 1.323×10^7 m³,兴利库容 1.052×10^7 m³。

二、北胶莱河水系

北胶莱河水系包括主流北胶莱河及诸多支流,在青岛市境内的主要支流有泽河、龙王河、现河和白沙河等。

(一)主流

北胶莱河发源于平度市姚家村,经平度、高密、昌邑、莱州等地,于莱州市海沧西流入渤海莱州湾。北胶莱河干流全长 94 km,流域面积 3750 km²。

(二)主要支流

北胶莱河的主要支流有泽河、龙王河、现河、白沙河。

1.泽河

泽河从平度市香店街道办事处的曲坊流向西北,经过香店、同和、李园、门村、张舍、灰埠、新河,在平度市新河镇北大苗家村西入北胶莱河,全长 82 km,流域面积 822 km²。

2.龙王河

龙王河发源于平度市门村镇东北的凤山北麓,全长 36 km,流域面积 285 km²。龙王河既是北胶莱河较大的支流,又是平度市西南洼涝地区的一条主要防洪排涝河道。

3.现河

现河发源于平度市蓼兰镇杨家顶子,于明村、小召村西入胶莱河。现河干流全长 34 km,流域面积 253 km²。

4.白沙河

白沙河是泽河的支流,发源于平度市张戈庄镇后藤家村,向南流经崔召、香店、麻兰、张戈庄、万家等乡镇的 42 个村庄,于平度市万家镇东刘家口村汇入北胶莱河。白沙河干流全长 31 km,流域面积 124 km²。

三、沿海诸河

沿海诸河是指独立入海的河流,青岛市较大的沿海诸河有白沙河、墨水河、洋河、风河、白马河、吉利河。

1.白沙河

白沙河源于崂山最高峰"巨峰"北麓,自东向西经北宅、夏庄、黄埠、洼里、流亭、港东,于西后楼处注入胶州湾,河道干流全长 36 km,流域面积 215 km²。

2.墨水河

墨水河源于城阳区三标山,自南向北流入即墨市,经城关折向西南,于崂山区城阳镇皂户村入胶州湾,干流全长 46 km,流域面积 440 km²。

3.洋河

洋河发源于黄岛区宝山镇高城岘北麓的吕家村和金草沟一带,于胶州市九龙镇和营海镇交界的土埠台村东与五河头相会,注入胶州湾。洋河流域面积 303 km²,干流全长 49 km,其中山洲水库以下河道长 32.8 km。

4.风河

风河发源于黄岛区宝山镇七宝山南麓,在灵海街道办事处大哨头东汇入黄海。风河干流全长 48 km,流域面积 256 km²。

5.白马河

白马河发源于诸城市的鲁山东麓和黄岛区铁樴山西北侧,于河崖村以南与吉利河汇流后,在马家滩村东入黄海。白马河干流全长 47 km,流域面积 556 km²。

6.吉利河

吉利河发源于诸城市鲁山西南的千秋岭,流经诸城市石河头村,进入吉利河水库。出库后,经理务关、大场两个乡镇,于大场镇河崖村以南与白马河汇流后,在马家滩村东入黄海。吉利河干流全长 37 km,流域面积 292 km²。

第四节 青岛市水资源量

一、降水量

从下面的表 2-1 和表 2-2 可以看出,2019 年青岛市平均降水量为 421.6 mm,折合降水总量 4.757×10^9 m³,比 2018 年青岛市平均降水量 741.6 mm偏少 43.1%,比多年平均降水量 691.6 mm 偏少 39.0%。

在地区分布上,青岛市的降水量差异较大。其中,崂山区大部和城阳区东部年降水量大于 550.0 mm,即墨区西北部和胶州市大部年降水量小于 350.0 mm,其他地区年降水量为 350.0~550.0 mm;青岛市的最大点雨量为 952.6 mm(北九水),最小点雨量为 278.4 mm(山角底)。

表 2-1 2019 年青岛市各行政分区水资源总量

行政分区	市内三区	崂山区	黄岛区	城阳区	即墨区	胶州市	平度市	莱西市	青岛市
降水量/mm	447.7	562.9	454.5	377.9	392.2	334.7	420.1	428.5	421.6
地表水资源量 /×10⁸ m³	0.1091	0.5914	0.3428	0.2015	0.3711	0.0774	0.5883	0.2729	2.555

续表

行政分区	市内三区	崂山区	黄岛区	城阳区	即墨区	胶州市	平度市	莱西市	青岛市
地下水资源量/$\times 10^8$ m^3	0.0262	0.1607	0.1560	0.5277	0.3220	0.6039	1.097	0.4650	3.359
水资源总量/$\times 10^8$ m^3	0.1234	0.6940	0.4210	0.5790	0.5920	0.4290	1.314	0.5770	4.729
多年平均/$\times 10^8$ m^3	0.3784	1.659	4.638	1.126	3.376	2.078	5.194	3.030	21.48

表 2-2   2019 年青岛市各流域分区水资源总量

流域分区	白沙河区	墨水河区	周疃河区	北胶莱河区	南胶莱河区	大沽河区	洋河区	风河区	白马河区	青岛市
降水量/mm	530.6	370.4	389.7	431.7	359.3	393.0	358.9	437.0	468.4	421.6
地表水资源量/$\times 10^8$ m^3	0.7315	0.1835	0.2740	0.2935	0.0537	0.6522	0.0857	0.1880	0.0925	2.555
地下水资源量/$\times 10^8$ m^3	0.3641	0.1571	0.1928	0.6097	0.3041	1.198	0.1226	0.2933	0.1173	3.359
水资源总量/$\times 10^8$ m^3	0.8904	0.2792	0.4002	0.6381	0.3028	1.507	0.1629	0.3861	0.1624	4.729
多年平均/$\times 10^8$ m^3	2.615	0.9048	1.235	2.850	1.588	7.198	1.298	2.569	1.222	21.48

在行政分区上,青岛市的降水量分布也不均匀。其中,降水量最高值出现在崂山区,2019 年年降水量为 562.9 mm,较多年平均降水量偏少 34.8%,较上年降水量偏少 38.0%。降水量最低值出现在胶州市,2019 年年降水量为 334.7 mm,较多年平均降水量偏少 51.4%,较上年降水量偏少 53.5%。其他区(市)的降水量为 370.0~460.0 mm。

青岛市的降水量年内分布也不均匀,6~9 月平均降水量为 287.9 mm,占全年降水量的 68.3%。汛期降水量地区分布不均匀,其中崂山区汛期降水量最大,为 358.1 mm,最大点雨量为 649.5 mm(北九水);其次为黄岛区、莱西市、平度市,为 300.0~310.0 mm,低值区位于市内三区(即墨区、城阳区、胶州市),降水量均小于 260.0 mm,最小点雨量为 156.0 mm(胶州市)。

2019 年,青岛市的区域代表雨量站为南村站、青岛站、即墨站,南村站降水量为 359.2 mm,比多年平均降水量偏少 46.5%;青岛站降水量为 472.8 mm,

比多年平均降水量偏少 33.3%；即墨站降水量为 393.1 mm，比多年平均降水量偏少 44.7%。

二、地表水资源

2019 年，青岛市地表水资源量为 2.555×10^8 m³，相应年径流深为 24.0 mm，比上一年的径流量偏少 75.9%，比多年平均径流量偏少 83.4%。白沙河区、墨水河区、周瞳河区、北胶莱河区、南胶莱河区、大沽河区、洋河区、风河区、白马河区地表径流量分别为 0.7315×10^8 m³、0.1835×10^8 m³、0.2740×10^8 m³、0.2935×10^8 m³、0.0537×10^8 m³、0.6522×10^8 m³、0.0857×10^8 m³、0.1880×10^8 m³、0.0925×10^8 m³，与多年平均径流量相比，分别偏少 66.9%、74.9%、73.6%、81.4%、94.8%、86.6%、92.1%、90.2%、90.3%。

2019 年，青岛市各行政分区地表径流量分别为：市内三区 0.1091×10^8 m³，崂山区 0.5914×10^8 m³，黄岛区 0.3428×10^8 m³，城阳区 0.2015×10^8 m³，即墨区 0.3711×10^8 m³，胶州市 0.0774×10^8 m³，平度市 0.5883×10^8 m³，莱西市 0.2729×10^8 m³。2019 年径流深高值区位于崂山区、市内三区、城阳区，在 40.0 mm 以上，其中崂山区最大，为 152.0 mm；径流低值区位于黄岛区、胶州市、平度市、莱西市，在 20.0 mm 以下。市内三区、崂山区、黄岛区、城阳区、即墨区、胶州市、平度市、莱西市地表水资源量较多年平均值分别减少了 67.2%、58.1%、90.5%、75.1%、85.9%、94.6%、81.2%、86.8%，青岛市平均减少了 83.4%。

三、地下水资源

2019 年，青岛市地下水资源总量为 3.359×10^8 m³，较多年平均地下水资源量（1980～2010 年）偏少 64.9%。其中，平原区地下水资源量为 1.657×10^8 m³，山丘区地下水资源量为 2.003×10^8 m³。

四、水资源总量

2019 年，青岛市水资源总量为 4.729×10^8 m³，比多年平均值偏少 78.0%，其中地下水与地表水两者之间的重复计算量为 1.184×10^8 m³。

五、入海水量

2019 年，青岛市入海水量为 0.4600×10^8 m³，其中北胶莱河区为 $0.0752 \times$

10^8 m³,白沙河区为 0.3118×10^8 m³,墨水河区为 0.0319×10^8 m³,白马河区为 0.0146×10^8 m³,风河区为 0.0265×10^8 m³。

第五节　本章小结

本章首先简述了研究对象,即青岛市的自然地理、社会经济、环境质量,然后重点阐述了青岛市的主要水系构成,即大沽河水系、北胶莱河水系及沿海诸河这三大构成河流水系。最后,以 2019 年为时间节点,从降水量、地表水资源、地下水资源、水资源总量、入海水量五个方面详细介绍了青岛市水资源量的相关内容。

第三章　青岛市水资源可持续利用存在的问题及对策

第一节　青岛市水资源可持续利用存在的问题

一、水资源相关问题

(一)水资源贫乏

青岛市多年平均水资源量为 $2.148 \times 10^9 \mathrm{m}^3$，人均水资源占有量为 $247 \mathrm{m}^3$，是全国平均水平的 11%，世界平均水平的 3%。从以上数据可以看出，青岛市城市供水水源严重不足。因此，青岛市不仅是缺水城市，也是全国缺水最严重的城市之一。此外，青岛市在"十四五"初期仍存在水资源保障能力不足、配置能力有待提升等问题。随着城市经济的发展，青岛市的缺水态势日趋加剧，特别是到了连枯年份，城市供水安全将受到严重挑战，水资源供需矛盾日益突出。

(二)年际年内变化大

青岛市年径流深的年际变化比年降水量的年际变化要大(青岛市年径流变差系数为 0.87，而年降水量变差系数为 0.27)，在 $1956 \sim 2010$ 年间，最大年径流量出现在 1964 年，总径流量为 $7.564 \times 10^9 \mathrm{m}^3$；最小年径流量出现在1981年，总径流量为 $4.45 \times 10^8 \mathrm{m}^3$，最大值与最小值之比为 $17 : 1$。从年内变化情况看，青岛市 $70\% \sim 75\%$ 的降水集中在汛期(6~9月)，其中7~8月占全年降水量的 50% 左右，这就导致了青岛市水资源的年际年内变化较大。

（三）连丰、连枯变化规律

青岛市降水量的年际变化还具有连丰、连枯的特点，因此其水资源变化也有同样的规律。从青岛站1899年建站以来，通过分析100多年的观测资料可以发现：青岛市降水量的丰、枯变化周期为60年左右，丰、枯期各为30年左右。从1916年起，青岛市进入枯水期，至1946年进入丰水期，从1976年起再次进入枯水期，至2007年又转入下一个丰水期。而且，在每一个丰/枯水期内，又有若干个较小的丰/枯水段，其中偏大值与偏小值的偏离可达20%以上，特丰年或特枯年常发生在连续丰/枯水期内。

（四）水资源管理体制问题

青岛市的水资源部门经机构改革，大部分区（市）已实现水务一体化，供水、节水、污水等都由市水务局管理。此外，青岛市的水资源管理体制存在"多龙治水"的问题，如棘洪滩水库由山东省直管，导致客水管理体制不顺。

（五）非常规水开发利用率低

青岛市的非常规水开发利用强度不高，利用量偏低，主要体现在以下三个方面：

（1）非常规水开发利用技术水平不高，制约了水源的推广使用。

（2）配套管网不完善，应用范围不广。由于没有系统的非常规水利用配套设施布局规划，因此目前青岛市的再生水主要用于城市卫生、市政浇洒和城市河湖补水，海水淡化水主要应用在工业领域。非常规水除通过车辆运输的方式用于绿地浇灌外，大部分用于非常规水厂周边，进入市政管网的比例偏低，利用水平与国内外先进地区相比有很大差距。

（3）政策激励相对较少。目前，青岛市在非常规水应用方面缺乏相应的支持政策，还没有形成合理、统一的非常规水开发利用市场机制、定价机制和财政补贴机制，全面推广应用存在较大困难。

二、水环境问题

近30年来，青岛市的水环境大致经历了污染总体加重阶段（20世纪80年代至1998年）、污染与治理相持阶段（1999～2008年）和持续改善阶段（2009年至今）。"十一五"期间，青岛市委、市政府坚持把环境保护作为转变经济发展方式的重要着力点，积极构建水污染防治大格局，青岛市的水环境治理取得了阶段性成果，重点监控河流主要污染物浓度不断降低，省控重点河流基本消除了劣Ⅴ类水体,海泊河、李村河等过城河污染明显减轻,18处城镇集中式饮用水水源地水质常年达到或好于Ⅲ类水质;黄海近岸海水水质总体保持优良,胶州湾良好以上水域面积呈逐年增加的趋势。"十二五"期间,青岛市主要河流的水质持续改善,省控重点河流水质基本消除了劣Ⅴ类水体,河道生态环境逐步恢复;集中式饮用水水源地水质常年稳定达标;近岸海域水质常年保持优良,胶州湾水质优良面积超过60%。"十三五"期间,青岛市制定并实施了落实水污染防治行动计划实施方案,全年重点河流主要污染物浓度平均改善7.9%;胶州湾优良水域面积达到71%,同比提高6个百分点,呈持续扩大趋势;城市重点饮用水水源水质稳定达标。

尽管青岛市水污染防治工作取得了阶段性进展,但我们必须清醒地认识到,青岛市大多数流域区域水污染防治的"治—用—保"体系还不完善,相关的工作体制机制也存在较多缺陷;部分流域区域水污染防治基础设施建设滞后、能力不足、标准不高;部分过城河道、海岸带尚未完成综合整治,垃圾、污水直排入河入海的现象仍时有发生;行业性、结构性污染在部分区域仍较突出,甚至在局部造成了历史遗留问题;农业面源污染对部分河流、水库、地下水及海湾水质影响日益凸显;胶州湾水动力减弱,而入湾的污染物总量绝对值仍然较大,致使水质改善缓慢;农村污水收集处理率低,城镇污水处理深度不够,河道生态治理率偏低,局部生态系统退化,水体污染问题依然存在。这些问题不仅影响和损害了群众健康,不利于经济社会的可持续发展,同时也影响了水资源的可持续利用。

在"十四五"初期,青岛市仍存在水污染形势严峻的问题。例如,受污水量增加、雨污管道错接混接、地下水入渗、农村污水接入等因素的共同影响,城镇污水处理能力趋于饱和,无法满足日益增长的污水处理需求;污水收集设施布局不完善、不均衡;中心城区及建成区基本实现了污水收集全覆盖,但未改造的老旧城区、城乡接合部区域存在雨污分流不彻底、污水管网未覆盖的问题;农村污水收集处理率低,水污染形势依然严峻;现有的污泥处置设施处理能力已经达到满负荷,部分区(市)尚无规范化污泥处置工程,与污水处理体系建设脱节;城市黑臭水体治理效果显著,但农村黑臭水体尚未得到系统的治理,水环境状况亟待改善。

三、水生态问题

所谓"水生态",是指作为环境因子的水对生物的影响和生物对各种水分条

件的适应。青岛市水资源严重匮乏,由于干旱少雨,大部分河流常年处于断流
或节流状态,水生态功能脆弱,水环境极易波动或反复。例如,在青岛市发布的
《2018年生态环境状况公报》中,镰湾河等河流因存在截污治污不彻底、缺乏生
态补水等问题,导致水质未达到考核目标要求。

在"十四五"初期,青岛市仍存在水生态环境保护能力相对不强、存在诸多
短板等问题,与北京、上海、深圳等国内先进城市相比仍有较大差距。例如,城
市河道环境与周边发展匹配度不高,与人民日益增长的美好生活需要仍有差
距,河道品质有待提升;河道内生态用水被河道外持续增长的经济社会用水挤
占,出现了"有水无流"或河道干涸萎缩的现象,河道生态用水难以保障;水土流
失治理亟待加强,青岛市仍有1543.6 km²的水土流失面积尚未得到有效治理。

四、水安全问题

水安全是涉及国家长治久安的大事,我们要大力增强水忧患意识、水危机
意识,从全面建成小康社会、实现中华民族永续发展的战略高度,重视和解决好
水安全问题。在2021年1月召开的全国水利工作会议上,习近平主席再次强
调了这一点。青岛市人多水少,降水时空分布不均,特别是近年来,青岛市出现
了由极端干旱引发的严重供水危机。青岛市的水安全一直受到政府和社会各
界的高度关注,迫切需要建立健全科学合理的水安全保障体系。

随着青岛市进入了加快建设宜居、幸福、现代化国际城市的关键阶段,水安
全保障问题也面临着新的需求和挑战,如水资源短缺、水污染防治、水生态退化
三大水问题依然突出,水利发展体制机制不够完善,"补短板、破瓶颈、增后劲、
上水平、惠民生"的任务仍十分艰巨。通过调研可以看出,青岛市在"十四五"初
期仍存在水旱灾害防御体系不完善的问题。例如,从供水安全的水源地供水保
证率的角度分析,青岛市的水源保证率存在一定风险。棘洪滩水库作为胶东调
水工程中重要的调蓄水库,是目前亚洲最大的人造围堤式平原水库,供水范围
覆盖青岛市行政区域较广。棘洪滩水库的库区面积约14.42 km²,水库总库容
约1.46×10^8 m³,是青岛市唯一的大型水库(库容大于1×10^8 m³的水库为大
型水库)。

此外,在《青岛市水务发展"十四五"规划》中明确指出,青岛市水安全中的
防洪排涝体系尚待进一步完善,洪涝灾害隐患依然较重,主要表现在以下方面:

(1)青岛市流域面积10 km²以上的河流共221条,总长度3015 km,已治理
总长度仅777 km,大部分河道尚未进行系统治理,"碎片化"治理的现象较为普

遍;已治理的河段间防洪标准不统一,防洪能力较低。

（2）防洪排涝工程体系存在较多的防洪薄弱环节。部分河道堤防时断时续,残缺不全,低矮单薄;部分河道存在险工险段,冲刷严重;部分拦河构筑物年久失修;河道局部存在淤积,行洪不畅;排涝涵闸普遍存在进出口淤积或封堵的问题,使得涵闸无法正常启闭。水库建成或除险加固后已运行多年,陆续出现了不同程度的病险情况;一些塘坝年久失修,未及时进行除险加固。部分区域海堤缺失,已有的海堤尚有达不到防潮标准的堤段。城市防洪排涝工程体系也有待进一步完善,部分城区河道防洪标准不高,排水系统建设滞后,积水点排水设施建设尚需逐步加强。山洪灾害防治力度不大,山洪沟没有得到系统治理,预警体系和防御体系不够健全。现有工程体系难以防御超标准洪水,缺乏应对超标准洪水的方法措施。

（3）农村机电井、平塘等小型水源工程老化失修,抗旱能力不强。

（4）资金投入不足,绝大多数小型水利工程没有专门的管理机构和管理人员,运行管理经费和维修养护费用不足。

五、水管理问题

青岛市的现代化水管理模式尚处于起步阶段,存在较大的提升空间。例如,河湖长制责任尚未压实,河湖管理保护能力仍需强化,主要体现在以下三个方面:

（1）部分基层河长、湖长主动担当的意识薄弱,巡河履职不到位。

（2）河湖管护责任落实不到位,河道管理范围内,部分乱倒垃圾和杂物、乱占乱建等问题还存在发现不及时、清理不及时的现象。

（3）农村河湖管理范围划定、采砂规划编制、"四乱"问题（乱占、乱采、乱堆、乱建）整改等河长制重点工作开展不平衡,部分区(市)进度偏慢。

六、水生态文明问题

水生态文明是指人类遵循人水和谐的理念,形成以实现水资源可持续利用,支撑经济社会和谐发展,保障生态系统良性循环为主体的人水和谐文化伦理形态。水生态文明是生态文明的重要组成部分和基础内容。党的十八大以来,青岛市水务系统认真践行"绿水青山就是金山银山"的理念,聚力节水、调水、蓄水、供水、排水和治水,为青岛市经济社会的高质量发展提供了坚实的水务保障。

青岛市在 2019 年被水利部评为"全国水生态文明城市"。但是,青岛市的水生态文明工作还可以做得更好,如节水潜力尚待进一步挖掘,节水型社会尚未真正形成。

第二节　青岛市水资源可持续利用的对策

一、保障水资源

(一)建立多途径的水资源供给体系

建立多途径的水资源供给体系是实现水资源可持续利用的重要保障。对此,我们可以从源头抓起,通过科学合理地开发、调配和保护水资源,建立起多途径、有充分数量和可靠质量的水资源供给体系,以满足青岛市各行业长期发展的需要。具体来说,建立多途径的水资源供给体系需要做到以下几点:

1.大力兴建水利工程,科学利用径流水和合理拦蓄洪水资源

为了科学合理地利用河川径流水,我们应遵循不影响河流枯水期的生态用水、环境容量、航运、水沙平衡及保护水生动物的原则,实行有计划的取水、分水。要充分重视开发利用洪水资源。一方面,在保证防洪安全的前提下,以小流域为单元,进行水土保持综合治理,蓄水保水,改善生态环境;另一方面,利用现有的水库、拦河闸(坝)、塘坝,并适当修建部分拦蓄工程,拦蓄汛末尾水,以备枯季用水。

例如,官路水库是为解决青岛市本地水源严重不足,主要调蓄引江水而建的中型水库。在青岛市的"十三五"规划中,已经明确了要建设官路水库,目前官路水库的建设工作正由山东省相关部门积极推进。

在青岛市水务发展的"十四五"规划中,规划实施的官路水库工程总库容 2.16×10^8 m³,其中死库容 1.8×10^7 m³,兴利库容 1.98×10^8 m³。主要建设内容包括水库围坝、放水洞、入库泵站、出库泵站、管理区、墨水河和顺溪河改道工程、引黄济青衔接工程等。

2.做好地表水、地下水和外调水的合理调配

地表水与地下水互相联系、互相转化,是一个有机整体。为了保障资源型缺水地区经济社会发展对水资源的需求,实施科学合理的跨流域调水是完全有必要的。地表水、地下水和外调水的联合调配是合理配置水资源的重要一环,

应遵循可持续利用的原则,在统筹考虑生态环境用水的前提下,科学合理地利用地表水、地下水和外调水,本着"先客水,后地表水,最后地下水"的原则,实现水资源的合理配置。

3.有效蓄积天然水,充分利用雨水资源

传统的水资源取用水核算只关注"蓝水"(液态水),对"绿水"(气态水)这一重要生产因素的评价过低,以至于人们忽视了对天然雨水的蓄积,造成了雨水的浪费。我们应合理规划,适当扩大城市绿化面积,通过修建天然集水池、水窖、雨污分流等工程措施,增加对雨水资源的利用,减少城市雨洪灾害,缓解干旱季节城市水资源短缺的局面。例如,李沧区某小区经过"海绵城市"改造后,从之前"下雨难行水成塘,如遇火情救援难"的困境,变成了"大雨小雨无积水,前有廊桥后有花"的新面貌。

4.资源化利用污水

如果处理回用部分废/污水,使其达到环境允许的排放标准或污水灌溉标准,不仅能增加可利用的水资源量,缓解农业缺水问题,而且能起到治理污染的作用。

5.开发利用非常规水资源

在海水利用方面,即墨市的沿海地区要充分重视利用海水资源的现实意义。特别是沿海地区的工业冷却水,完全可以采用海水冷却的方式,以弥补淡水资源的不足。此外,随着海水淡化技术的进步,我国已经掌握了比较完整的海水、微咸水淡化工程相关设计参数,并开发了较为先进的工程化技术。近年来,青岛市、威海市、烟台市等沿海城市的海水淡化工作已取得了初步成效。目前,青岛市的海水利用量还很少,青岛市的海水利用还有很大潜力,今后应扩大海水、微咸水淡化的规模,增加淡水资源总量。

6.完善水资源管理和运行体制

目前,青岛市在水资源管理和运行体制方面存在的主要问题有以下几个:

一是当前城乡居民自觉参与节水的意识和程度不高,许多先进的节水工艺、设备、技术需要政府部门通过行政干预等手段推广应用;同时,目前的节水投入大多依靠政府支持,节水的市场化运行机制尚未形成,因此迫切需要对节水的管理体制、运行机制和投入机制进行改革。

二是节水管理工作经常是按部门、行业分工,政出多门,多龙治水,带来了诸如学科研究上的片面性、管理职能上的重复交叉等问题。

三是定额用水制度不完善,造成阶段性用水量忽高忽低,影响了水资源的统一调度。

(二)相关措施

针对上述问题,可采取以下措施:

(1)把握水资源矛盾点的转变这一关键点。过去,人们对水的关注主要集中在防洪、饮水、灌溉方面;现阶段,人们对优质水资源、健康水生态、宜居水环境的需求更加迫切。治水的主要矛盾已经从人民群众对除水害、兴水利的需求与水利工程能力不足的矛盾,转变为人民群众对水资源、水生态、水环境的需求与水利行业监管能力不足的矛盾。这就要求新时期青岛市水务改革发展要及时转变思路,解决新时期的治水矛盾,保障经济社会的和谐快速发展。

(2)强化思想认识,提高节水意识。贯彻国家节水行动方案,采取各种有效措施,大力宣传节水环保意识,增强全民水资源可持续利用的意识和观念,使每一位公民和每一个组织都充分认识到节水的重要性,并使之成为日常生活和工作中的行为规范。

在《国家节水行动方案》中,要求牢固树立和贯彻落实新发展理念,因此应坚持节水优先的方针,把节水作为解决水资源短缺问题的重要举措,贯穿到经济社会发展全过程和各领域,强化水资源刚性约束,以水定产、以水定城。全方位加强工农业和城镇节水,健全完善节水激励机制,着力推动形成生产方式和消费方式的绿色化、节水化,保障经济社会的可持续发展。

(3)加强对水资源的统一管理,采取可持续发展的治水与管水方式。根据可持续发展的原则,建立一个全面的、整体的、科学的和可预见性的水资源管理系统,实行流域和行政区、地表水和地下水联合调度,水供应和环境保护相结合的水资源统一调度制度,克服因条块分割、交叉管理、权属不一而造成的问题,实现对水资源的高效利用和有效管理。建议成立水资源管理和协调机构,负责对水资源的优化配置、高效利用和污水处理回用等,组织协调制定长期的水资源供需规划和水资源优化配置方案,协调供水、蓄水、节水、防洪和排水。

(4)利用市场机制,运用价格杠杆,加强水资源管理。要积极引入市场机制,制定合理的水价。合理的水价是提高技术水平、管理水平、经营水平,促进企业节水的重要经济手段。合理的水价可约束人们的行为,既节约了大量的水资源,又减少了对环境的污染。与此同时,我们还应改变供水公益事业的福利观念,明确水资源产权,试行水权与排污权交易制度,优化水资源的配置和利用。

二、防治水污染

全面加强对各类污染源的治理可以从以下几个方面入手,其中第一个方面是总领性的,需予以重点关注。

(1)加强水环境治理,尤其是深化流域治污体系。国务院《关于印发水污染防治行动计划的通知》要求大力推进生态文明建设,以改善水环境质量为核心,贯彻"安全、清洁、健康"的方针,强化源头控制,水陆统筹、河海兼顾,对河流湖库实施分流域、分区域、分阶段的科学治理,系统推进水污染防治、水生态保护和水资源管理。新时期青岛市水务发展工作要围绕实行最严格的环境保护制度,落实《水污染防治行动计划》,坚决打好碧水保卫战,深化"治—用—保"流域治污体系,全面实行河长制、湖长制,综合施策,在良好的生态环境中生产生活。

(2)加强工业污染防治。根据青岛市《水污染防治行动计划》,可以从严格环境准入、依法淘汰落后产能、全面提高工业企业污染治理水平、深化工业集聚区水污染集中治理、强化重金属污染监管与防治五个方面加强对工业污染的防治。

(3)加强城镇生活污染防治。根据青岛市《水污染防治行动计划》,可以从整治黑臭水体、加强城镇污水处理设施规划与建设、加强城镇排水设施建设和改造、大力推进污水处理厂污泥安全处置四个方面加强对城镇生活污染的防治。

(4)加强农村生产生活污染防治。根据青岛市《水污染防治行动计划》,可以从积极防治畜禽养殖污染、防治渔业养殖污染、控制农业面源污染、调整种植业结构与布局、加快农村环境综合整治五个方面加强对农村生产生活污染的防治。

(5)加强船舶港口污染防治。根据青岛市《水污染防治行动计划》,可以从提高船舶环保设施水平、增强港口码头污染防治能力、提高港口码头水污染事故防范及应急处置能力三个方面加强对船舶港口污染的防治。

三、修复水生态

水生态修复是一项理论复杂、因素众多、操作困难的工作,既要因地制宜,又要符合科学,更要讲究实效。在此,笔者提出了以下几点水生态修复对策:

(一)划定生态红线,严守生态红线

将重点河流、水库、湿地、海城、海岛、自然岸线以及生物多样性保护区、自然保护区、饮用水水源保护区、水源涵养区等与水生态环境密切相关的重要区域划入生态红线保护范围,细化分类分区管控措施,做到红线区性质不转换、功能不降低、面积不减少、责任不改变。

(二)确保生态用水,逐步实施水系连通

生态用水是维持生态系统稳定的必需品。青岛市各河流域应进一步加强河湖生态用水保障,通过合理配置流域水资源、建设生态用水保护工程及调整现有水利工程的调度方式,逐步改善河湖生态与环境用水状况。此外,通过综合运用 GIS 空间分析、统计学、景观网络与格局分析、树状水系连通性指数等多领域、多学科的方法,对青岛市境内各水系结构与连通性进行研究,逐步实施水系连通工程。

(三)优化空间布局,留足城市水生态空间

优化空间布局,建立水资源、水环境承载能力监测评价体系,实行水资源、水环境承载能力监测预警,对接近或超过承载能力的地区及时调整发展规划和产业结构,完成对青岛市域及各县市水资源、水环境承载能力的现状评价。同时,确保城市生态蓝线及规划区保留一定比例的水域面积。

(四)加强湿地保护与恢复

稳步推进人工湿地水质净化工程建设,在北胶莱河、阳河、大沽河等流域因地制宜地建设人工湿地水质净化工程,对污水处理厂尾水进行深度净化,提升流域水环境稳定达标水平,鼓励在城镇污水处理厂、重点企事业单位、大型社区排污口建设与城市景观相结合的人工湿地水质净化工程,建筑面积 1.0×10^5 m² 以上的住宅小区要推广建设小型人工湿地水质净化工程;在农村地区,以微型湿地群和小型氧化塘为重点,有效处理农村生活污水。

按照《人工湿地水质净化工程建设指南》,规范人工湿地的建设和运营。开展退化湿地恢复工作,实施湿地保护规划,以大沽河河口湿地修复为重点,加强对湿地内水生野生动植物的保护,开展退耕还湿、退池还海等工程,逐步恢复湿地原有的功能。

(五)注重生态文明建设

国务院《关于加快推进生态文明建设的意见》提出,资源节约型和环境友好型社会建设要取得重大进展,经济发展质量和效益要显著提高。目前,青岛市水生态文明水平与国家要求尚有一定差距。新时期青岛市水务改革发展中,要充分认识加快推进生态文明建设的极端重要性和紧迫性,切实增强责任感和使命感,牢固树立尊重自然、顺应自然、保护自然的理念,坚持"绿水青山就是金山银山",动员全社会的力量,深入持久地推进生态文明建设,加快形成人与自然和谐发展的现代化建设新格局。

四、维护水安全

要解决青岛市的水安全问题,需要从战略高度对所有的水问题进行统筹谋划、综合施策,坚持节水优先,统筹优化调配水资源,加大非常规水利用力度,强化水旱灾害防御,加强水生态保护,创新现代水管理手段,破解青岛市发展最大的资源制约。

青岛市委、市政府高度重视水安全工作,要求从长远和战略的高度统筹谋划水的问题。按照《山东省人民政府关于〈山东省水安全保障总体规划〉的批复》(鲁政字〔2017〕224号)、《山东省水利厅关于抓紧编制各市水安全保障规划和实施方案的通知》(鲁水发规函字〔2018〕8号)的有关部署,青岛市水利局迅速组织力量,广泛调研,深入分析,统筹当前与长远、需求与供给,编制完成了《青岛市水安全保障总体规划》。《青岛市水安全保障总体规划》全面分析了青岛市的基本水情,找准了水安全保障面临的主要问题,明确了水安全保障的总体思路,提出了今后的主要任务和保障措施。《青岛市水安全保障总体规划》是引导新时期青岛市水安全发展的顶层设计和今后一段时期水安全建设的行动纲领。

五、加大小流域整治工作力度

通过研究发现,青岛市主干河道污染未得到根源治理的主要原因是支流的水环境未得到治理。也就是说,如果主干河道的所有支流的水质是达标的,那么主干河道的水环境就能够得到相应的改善。同理,要治理支流的水环境,也应从影响支流水环境的根源问题出发,即从治理其域内每个次小流域或汇水区的水环境问题出发,彻底改善水环境。

六、强化与落实河长制、湖长制与湾长制政策

(一)河长制、湖长制

2017年,青岛市在山东省率先出台了《青岛市全面实行河长制实施方案》,印发了《青岛市河长制工作市级考核制度》等配套工作制度文件。根据规定,在青岛市范围内建立了市、区(市)、镇(街道)、村(社区)四级河长组织体系,设市级总河长、副总河长、河长7名,区(市)级总河长、副总河长、河长91名,镇(街

道)级河长869名,村(社区)级河长4546名,公布了河长名单,并设立了3581块河长公示牌。

青岛市还实施了湖长制,实施范围是2013年1月被山东省政府列入省级湖泊保护名录的胶州少海和莱西姜山湖、23座大中型水库、547座小型水库以及湿地。青岛市共设立市级湖长3名,区(市)级湖长23名,镇(街)级湖长399名,村(社区)级湖长743名。青岛市成立了由25个成员单位组成的市河长制办公室,具体负责对河长/湖长的组织协调、调度督导、检查考核工作,总体推进河湖管理保护工作。

为了把落实河湖管理员制度作为重点工作之一,青岛市共设置河湖管理员4200余人,每条河道、每段河道、每个水库的管护责任落实到人,做到了"有人管事、有钱办事",解决了河湖管护"最后一公里"的问题,并自觉接受市民监督。

青岛市全面开展了河湖问题综合整治、"清河行动"回头看、河湖"清四乱"等专项行动。其中,在2017年6～9月的"清河行动"回头看行动中,累计排查整治问题89处;2020年8月份开展的河湖"清四乱"行动累计排查乱占、乱采、乱建、乱堆问题18处,目前已整治完成。青岛市河湖"八乱"问题排查整治从2020年的3263多处减少到2021年的107处,充分说明随着河长制、湖长制的实施,使河湖管理保护秩序明显好转。与此同时,青岛市各级各部门全力协作,对李村河、海泊河进行了生态补水,组织开展了对铁山水库、挪城水库等4个饮用水水源地的安全保障项目建设,实施了20余条(段)河道清淤疏浚、河岸生态修复等综合治理工作,实施了10个国家重点水土保持项目。

以大沽河移风店水质断面为例,2018年前三季度,该河段水质均达到地表水Ⅲ类标准以上。下一步,青岛市将全面推开生态河道治理工作,实施清淤疏浚、河岸生态修复、绿化景观等项目的综合整治。

(二)湾长制

2017年,青岛市在全国率先推行湾长制。自全面推行湾长制以来,主要开展了以下工作:

一是建立了湾长制组织体系。由各级党委、政府主要负责同志担任行政区域的总湾长,各级相关负责同志担任行政区域内的湾长,建立了市、区(市)、镇(街道)三级湾长体系。

二是公布了市级湾长制相关工作制度。

三是制定实施了青岛市全面推行湾长制的工作要点,明确了完善湾长制的工作机制和规章制度,优化了对海湾资源的科学配置和管理,加强了对海湾污染的防治,加强了对海湾生态的整治修复,加强了海湾执法监管,加强了宣传引导等,切实将海湾管理保护年度工作任务进行了细分落实。

四是对沿海各区(市)的湾长制贯彻落实情况组织开展了市级验收。

五是将全面推行湾长制列入青岛市综合考核。

六是在青岛市 49 个海湾布设了 400 多个监测站位,为建立以监测为依据的海湾污染治理倒逼机制奠定了基础。

七是制定并发布了近海海域卫生保洁管理标准,进一步提升了保洁质量和管理水平,努力营造优美整洁的近海海域环境。

八是开展蓝湾整治,实施生态修复,积极推进胶州湾红岛段岸线、红石崖段岸线和胶州湾西翼岸线的"蓝湾整治"项目实施。

九是制定了重点海湾综合执法监管实施方案,实施日常巡查监管工作制度,增加海区执法检查率和覆盖面,突出打早、打小、打苗头;组织开展了"海盾""碧海""护渔"专项行动,严厉查处非法围海填海、盗采海砂、非法破坏和占用湿地、非法倾倒废弃物、直排污水入海等破坏环境和污染环境的行为。

七、开展"'海绵城市'规划专项"与监督落地

自 2016 年 4 月成功申报国家第二批"海绵城市"试点以来,青岛市把"海绵城市"发展理念贯彻落实到城市规划建设管理的全领域、全过程,与城市生态文明建设实现了无缝衔接。2016 年,青岛市在山东省率先编制完成"海绵城市"专项规划,提出了比国家标准更高的"到 2020 年 25％建成区达标"的发展目标。立足城市发展实际,青岛市不断编制完善"海绵城市"规划体系,在完成中心城区"海绵城市"专项规划的基础上,组织黄岛、即墨、平度、胶州、莱西等区(市)完成了本辖区的"海绵城市"专项规划编制,实现了专项规划全覆盖。从 2018 年开始,青岛市将"海绵城市"建设绩效纳入对各区(市)的综合考核内容。

"海绵城市"要成片区、系统化建设才能发挥出应有的功效。为避免"海绵城市"建设碎片化,青岛市总结试点经验,率先创新编制了《青岛市"海绵城市"详细规划编制大纲》和《"海绵城市"系统化实施方案编制大纲》,以指导全域的"海绵城市"规划编制工作。目前,李沧区、城阳区、高新区等已完成部分重点建设区域的"海绵城市"详细规划,其他区(市)也已启动。

"海绵城市"是一种系统化的理念。通过"海绵城市"建设,人们得以重新审视城市建设中存在的问题,逐步培养起系统化治理的理念和思路。青岛市高度重视以"海绵城市"理念统领城市规划建设管理,充分结合"海绵城市"建设,科

学编制系统化的实施方案,强化系统化治理。以"海绵城市"建设为契机,青岛市加快推进了李村河流域水环境治理,并已入选"城市黑臭水体治理示范城市"。

为了科学、全面地评价"海绵城市"建设成效,青岛市在试点区积极构建"海绵城市"建设成效评估系统,并结合信息化平台建设,形成了兼备"海绵城市"监测评估、建设管控、宣传推广及与未来"智慧城市"建设相兼容的系统功能,实现了对"海绵城市"试点区中3条河流、81个排口、182个"海绵城市"工程以及353台在线监测设备的全方位、动态化管控,支撑了"海绵城市"建设过程的管控、建设成效展示及相关决策支持。

在此基础上,结合"海绵城市"建设和黑臭水体治理示范城市创建工作,青岛市搭建了全市统一的"海绵城市"和城市排水监测考核评估平台,利用水量监测、管网筛查等手段对试点区进行全面排查,如果存在内涝、雨污混接的小区和道路,不管建设年代和新旧情况,全部列入计划加以整治,从而为"海绵城市"规划建设及城市排水设施的运行提供了支撑。

八、建立健全生态补偿政策机制

生态补偿机制是维持平衡生态、保护相关主体利益关系的经济手段,也是生态扶贫战略的重要组成部分。在可持续发展的大背景下,流域生态环境保护与区域经济发展的矛盾更加凸显了构建跨省流域生态补偿机制的重要性。在此,笔者建议将大沽河流域纳入国家生态补偿试点区域,开展生态湿地等生态补偿试点支持机制。

2018年10月29日,青岛市政府办公厅印发并实施了《关于试行地表水环境质量生态补偿工作的通知》(青政办字〔2018〕113号)。按照"达标是义务,超标要赔付,改善可获偿"的原则,以保护水质为目的,在青岛市建立了以区(市)级之间横向补偿和市、区之间纵向补偿相结合的地表水环境质量生态补偿机制。在实践中,将《青岛市落实水污染防治行动计划实施方案》明确的49个市控以上地表水体(河流和湖库等)断面达标情况纳入生态补偿考核监督体系,首先在所有国家级和省级控制断面及李村河、墨水河、大沽河干流和主要支流水体(共28个断面)试行,然后逐步扩展到青岛市所有的市控以上重点地表水体,每年由青岛市生态环境局公布纳入年度生态补偿考核的具体水体断面和水质目标。

九、实施最严格的水资源管理制度

2012 年 1 月,国务院发布了《关于实行最严格水资源管理制度的意见》,确立了水资源开发利用控制红线、用水效率控制红线和水功能区限制纳污红线。2012 年 7 月 5 日,为加快青岛市水利现代化试点城市建设,水利部和山东省政府联合批复了《青岛市水利现代化规划》,该规划对青岛市落实最严格的水资源管理制度提出了明确的目标要求。

最严格的水资源管理制度的颁布实施,是解决我国水资源短缺问题的重要保证,是适应和引领经济发展新常态的迫切需要,是加快推进生态文明建设的重要举措,也是实施水资源可持续利用的必不可少的政策途径。为推进实行最严格的水资源管理制度,确保实现水资源开发利用和节约保护的主要目标,青岛市政府于 2013 年 10 月印发实施了《青岛市实行最严格水资源管理制度考核办法》。

十、增加城市水资源建设的资金投入

笔者研究、对比、分析了 2020 年上半年我国城市 GDP 排名与各城市 2019 年水利支出功能(科目编码 21303)的总决算,发现在 2020 年上半年我国城市 GDP 排名中,青岛市居第 12 位,苏州市、成都市、武汉市、杭州市、南京市分别位列第 7、8、9、10、11 位。2019 年,以上各城市的水利支出决算分别为:青岛市 36664.38 万元,苏州市 38080.33 万元,成都市 40661.60 万元,武汉市 39675.99 万元,杭州市 79830.31 万元,南京市 57438.87 万元。

苏州市、成都市、武汉市、杭州市、南京市这 5 座城市在地理位置上均属于南方城市,水资源供需矛盾皆没有青岛市突出,城市 GDP 排名均高于青岛市。但在 2019 年的城市水利支出决算中,这 5 座城市均高于青岛市,尤其是杭州市和南京市的城市水利支出决算显著高于青岛市。这说明青岛市城市水资源建设与水资源发展方面还需要增大资金投入,以缓解水资源供需矛盾,支持青岛市的水资源利用可持续发展。

十一、对标全国及国际发展

青岛市水资源可持续管理、水环境治理、水生态修复、水安全保障等问题的统筹协同管理需要紧跟新时代的理念与技术,对标先进,比学赶超,学习先进地区改革发展的宝贵经验,补齐青岛市自身的短板,以"十四五"水务改革发展为

契机,奋起直追,为建设新时期开放发展的新青岛市提供现代、高效的水务保障。

在水资源可持续利用方面,青岛市委、市政府必须准确识变、科学应变、主动求变,把握好从"有没有"转向"好不好"这个关键,在持久水安全、优质水资源、健康水生态、宜居水环境、先进水文化这五大方面全面提升标准,实现新的进步和提升。

第三节　本章小结

本章主要从水资源、水环境、水生态、水安全、水管理、水文明共六大方面汇总及分析了青岛市水资源可持续利用存在的问题及对策。此外,在青岛市水资源的可持续利用对策方面,本章从"加大小流域整治工作力度""强化与落实河长制、湖长制与湾长制政策""开展'海绵城市规划专项'与监督落地""建立健全生态补偿政策机制""实施最严格的水资源管理制度""增加城市水资源建设的资金投入"及"对标全国及国际发展"七大方面进行了汇总与论述。

第四章 城市水资源可持续利用体系

第一节 水资源分类与可持续利用途径

一、城市雨水资源

(一)雨水资源的可持续利用

雨水是一种宝贵的自然资源,在大自然水循环系统中发挥着十分重要的作用。地表水和地下水的补充主要来自雨水,但我国现有的雨水蓄积设施无法最大限度地利用雨水,使得大部分雨水资源流失。通过分析已有资料可以发现,雨水流失现象在植被破坏和不透水面积不断增加的城市中尤为严重。

我国城市的雨水利用虽具有悠久的历史,但总的来说技术还比较落后,发展也相对缓慢。根据用途的不同,雨水利用可以分为雨水直接利用(回用)、雨水间接利用(渗透)、雨水综合利用等几类。其中,雨水综合利用是指利用城市河湖和各种人工与自然水体、沼泽、湿地等,调蓄、净化和利用城市径流雨水,减少水涝灾害,改善水循环系统和城市生态环境。

由此可见,城市雨水利用可以解决部分城市的水资源短缺问题,也可为水资源的优化利用提供一条有效的途径。城市雨水利用是一种新型的多目标综合性技术,可实现节水、水资源涵养与保护、控制城市水土流失和水涝、减轻城市排水和处理系统的负荷、减少水污染和改善城市生态环境等目标。

(二)青岛市降雨利用概况

针对青岛市严重缺水的情况,青岛市委、市政府一直十分重视节水科研创新工作,把节约用水和建设节水型城市作为一项重要工作来做。近年来,青岛市先后联合多家大专院校和科研机构开展了课题攻关,例如,会同山东建筑大学开展了青岛市建设科技发展基金项目"青岛市雨水利用研究与示范工程",打造了鲁信·长春花园雨水利用示范工程,年利用雨水量 2×10^4 m³,该课题通过了山东省科技厅组织的评审验收,为推进雨水资源化利用工作提供了有力的技术支撑。

为引导和推广雨水利用的深入开展,青岛市于 2016 年颁布了《青岛市城市管理局城市雨水收集利用管理暂行办法》,提出了城市雨水在入渗、排放、收集、储存、处理、利用等方面设施建设和管理的具体要求,将雨水利用率等指标纳入节水型居民小区考核体系,同时积极协调开发商开展雨水利用示范工程建设。

已有相关研究表明,"海绵城市"可以提高对雨水资源的利用率,而且国家目前正在大力推广"海绵城市"示范建设区。基于此,2016 年,青岛市政府批复实施了《青岛市"海绵城市"建设专项规划(2016~2030 年)》,范围包括市南区、市北区、李沧区、崂山区、西海岸新区(开发区)、城阳区的城市建成区。为提高建设工程竣工验收效率,优化青岛市的营商环境,2010 年 10 月,青岛市工程建设项目审批制度改革领导小组印发了《青岛市建设工程竣工联合验收工作方案》(青建改审字〔2020〕1 号),明确由建设单位按照"海绵城市"规范标准,自主完成"海绵城市"设施验收。

据青岛市城乡建设委的报告,截至 2018 年 5 月,青岛市已累计完成"海绵城市"建设面积 110 km²,在建 54 km²。其中,试点区 182 个试点项目累计完工 100 项(建成面积 9.84 km²),在建 49 项(在建面积 3.76 km²),开/完工率达 82%。

以青岛市李沧区楼山街道翠湖小区北湖的"海绵工程"为例,该工程让这一老旧小区有了一个崭新的面貌。"海绵城市"建设使翠湖小区增加透水铺装面积超过 4.3×10^4 m²,新铺沥青路面约 8000 m²,整治绿化面积约 8.6×10^4 m²,改造排水管道超过 1000 m,建设下沉式绿地及雨水花园约 2.5×10^4 m²。通过改造,翠湖小区消除了积水内涝、管道冒溢、雨污混接、小区停车难等老百姓急切关注的问题。同时,利用"海绵城市"理念,科学合理地蓄滞雨水,让小区的基础设施和景观效果得到了较大改善,居住环境和群众的幸福感得到了大幅提升。

二、海水淡化水资源

(一)海水淡化水资源的可持续利用

海水利用已经成为许多沿海国家解决淡水短缺问题、促进经济社会可持续发展的重大战略措施。我国的许多沿海城市水资源结构单一,大多过度依赖地表水及地下水。随着海水淡化科技与产业的发展,海水利用将在优化沿海城市的水资源结构中发挥更大的作用。例如,通过海水淡化工程,一方面可以置换出大量宝贵的淡水资源,可替代出淡水用于生活与农业用水的更大空间,从而促进水资源结构的优化,有利于保护淡水资源,从总体上改善沿海缺水地区的水环境;另一方面,有利于减少沿海地区因过度开采地下水而造成的地下漏斗扩大、地面沉降严重等问题,从而在总体上有利于沿海地区保护和改善生态环境,有利于沿海地区经济社会的可持续发展。

(二)青岛市海水淡化概况

至"十三五"末,青岛市共建成海水淡化工程 4 处,设计海水淡化总产能为 2.24×10^5 m^3/d,居全国领先水平。这 4 处海水淡化工程分别为青岛市百发海水淡化厂(海水淡化能力为 1.0×10^5 m^3/d)、华电青岛市电厂海水淡化工程(海水淡化能力为 0.6×10^4 m^3/d)、大唐黄岛发电厂海水淡化工程(海水淡化能力为 1.8×10^4 m^3/d)、青岛市董家口海水淡化厂(海水淡化能力为 1.0×10^5 m^3/d)。

根据青岛市城市管理局编制的《青岛市海水淡化矿化水质提升规划》,青岛市将强化规划引领,科学地确定海水淡化(矿化)项目的产能、选址、运营、管网布局建设等,力争用 5 年左右的时间,新开工建设 7 个海水淡化项目,使青岛市的海水淡化(矿化)产能达到 6.0×10^5 m^3/d。

《青岛市海水淡化产业发展规划(2017～2030 年)》的出台,旨在促进青岛市海水淡化产业健康、快速发展,加快新旧动能转换,培育新的经济增长点,解决青岛市用水短缺的问题。短期建设重点是扩大海水淡化规模,到 2020 年,青岛市海水淡化产能超过了 5.0×10^5 m^3/d,海水淡化对保障青岛市供水的贡献率达到了 15% 以上;中期建设重点是发展海水淡化关键装备研发制造,争取到 2025 年,海水淡化产能达到 7.0×10^5 m^3/d 以上;远期建设重点是构建科技引领的海水淡化全产业链条,争取到 2030 年,海水淡化产能达到 9.0×10^5 m^3/d 以上,把青岛市打造成为全国海水淡化应用重点示范城市、国家级海水淡化产业基地、全球重要的海水淡化装备制造中心。

为此,青岛市规划了以"一谷、一区、一带"为支撑的产业发展空间布局体系,从扩大海水淡化应用规模、提升海水利用创新能力、壮大海水淡化装备产业、推动国际合作发展等方面重点切入,推动青岛市海水淡化产业的发展。

三、客水资源

(一)客水资源利用

所谓"客水",是指本地区以外的来水。在当地水源缺乏时,客水是可资利用的水量。客水利用最常见的方式是跨流域或跨区域调水,从河流、水库、湖泊、海湾、河口等经过水库、水利枢纽调节控制的水域取水,沿着河槽、渠道、隧洞或管道输水,输送到水资源非常匮乏的区域。山东省的"引黄济青"工程及"南水北调"等重大工程,都属于调水解决缺水问题的范畴。跨流域或跨区域调水可以有效解决流域间或区域间水资源时空分布不均匀的问题,也可以解决水资源时空分布与社会经济发展不匹配的问题,从而有效促进对各种资源的开发利用,支撑经济的发展。

(二)青岛市客水资源概况

2019 年,青岛市总供水量为 9.18×10^8 m³,全年使用客水 4.02×10^8 m³,客水使用量从 2012 年的 1.63×10^8 m³ 增加到了 2019 年的 4.02×10^8 m³。客水资源为青岛市的经济社会发展提供了坚强支撑,占青岛市供水总量的43.79%,占青岛市地表水供水量的64.58%。可以说,"南水北调"工程、"引黄济青"工程等客水调引工程已成为青岛市解决干旱缺水问题的重大工程,"南水北调"工程引来的长江水、"引黄济青"工程引来的黄河水也成了"救命水"。

1."南水北调"东线工程

根据水利部 2018~2019 年度水量调度计划与山东省胶东调水联合调度计划,2018 年 11 月 1 日,"南水北调"东线山东段开启胶东干线济平干渠渠首闸,进行冲渠弃水工作,标志着"南水北调"东线山东段 2018~2019 年度调水工作率先启动。

2."引黄济青"工程

"引黄济青"工程是山东省境内一项将黄河水引向青岛市的水利工程(跨流域、远距离的大型调水工程),它是"七五"期间山东省的重点工程之一,也是山东省近几十年来最大的水利和市政建设工程。

"引黄济青"工程建有 253 km 的人工衬砌输水明渠和 22 km 的暗渠。黄河水在滨州的"引黄济青"工程的起点进行沉淀,向东南经过东营、潍坊,最后抵达青岛市境内的棘洪滩水库。

在"十三五"期间,山东省已对"引黄济青"工程设施实施改扩建,解决了工程老化和输水能力不足等问题。工程建成后,使"引黄济青"工程恢复了原有的输水能力,承担了"引黄"和"南水北调"东线一期工程向胶东地区的潍坊市、青岛市、烟台市、威海市等城市供水的任务。"引黄济青"工程主要包括渠首取水工程、输水渠道改造工程、棘洪滩水库加固与改造工程、大沽河枢纽加固改造工程、机电及金属结构改造工程、通信与自动化工程和管理设施维修改造工程,年供水总量 4.86×10^8 m³。

四、再生水资源

(一)再生水资源的利用

再生水资源化,就是将城市生活污水进行深度处理后,作为再生资源回收利用到适宜的位置上。在水资源紧缺的现实下,对污水进行深度处理后作为再生资源进行利用是必然的发展趋势。世界上许多国家和地区已对城市污水的处理利用做出了总体规划,把经过适当处理的污水作为一种新水源,以缓解水资源紧缺的状况。据统计,我国城市污水总量基数较大,城市污水处理率及工业废水处理率正在持续提升。因此,推行城市再生水资源化,把处理后的污水作为第二水源加以利用,可以减轻城市供水不足的压力和负担,缓解水资源的供需矛盾。因此,对滨海缺水城市来说,再生水利用的意义更重大。

再生水利用的方向主要包括工业、市政杂用、河道补水、景观用水、生活杂用、补充水源用水、农业灌溉等。其中,因污水中还含有作物所需的氮、磷、钾等肥分,因此污水再生回用时,往往将农业灌溉作为首选对象;面对淡水资源紧缺的现象及事实,根据工业用水对水质的不同要求,可以将再生水差异化回用于工业间接冷却、冲灰、除尘等方面。此外,还可以将再生水用于城市市政用水等方面。

(二)青岛市再生水资源利用概况

近年来,在既有的基础上,青岛市对各污水处理厂进行了全面升级改造,市区一级 A 类标准的污水处理能力达到 1.56×10^6 m³/d,同时配套建设了 8 座再生水深度处理设施,处理能力为 1.69×10^5 m³/d;铺设再生水主干管道351.3 km。另外,企业单位和居民小区共建设单体再生水利用设施56座,处理

回用能力达 8.6×10^4 m^3/d。

青岛市的再生水都得到了广泛的利用。据了解,2019 年,青岛市区每天平均的再生水利用量约 5.3×10^5 m^3,一年用量超过 1.9×10^8 m^3,相当于 4 个崂山水库的水量;再生水利用率达到 40%,主要用于工业冷却和工艺、绿化、保洁、冲厕、基建、河道景观、水源热泵等方面。工业取水量在总取水量中所占的比值已由之前的 60% 下降到 30%。

在再生水利用工程方面,至"十三五"末,青岛市共建成再生水利用工程 12 处,设计再生水利用能力为 5.91×10^5 m^3/d。其中,市内三区有 3 处,分别为海泊河污水厂再生水利用工程、团岛再生水系统、李村河中水泵站,设计再生水利用能力为 2.45×10^5 m^3/d;崂山区有 1 处,为麦岛加压泵站,设计再生水利用能力为 0.6×10^4 m^3/d;西海岸新区有 5 处,分别为豆金河再生水模块及精制再生水厂、泥布湾污水处理厂再生水利用工程、黄岛区锦龙弘业精制中水厂、董家口中法水务有限公司、青岛市海清环保科技有限公司,设计再生水利用能力为 1.20×10^5 m^3/d;即墨区有 1 处,为即墨区污水处理有限公司尾水再生利用工程,设计再生水利用能力为 15×10^4 m^3/d;胶州市有 1 处,为胶州市水质净化厂,设计再生水利用能力为 5×10^4 m^3/d;莱西市有 1 处,为青岛市隆德水务中水利用处理厂,设计再生水利用能力为 2×10^4 m^3/d。

第二节 青岛市水资源开发利用现状

本研究中的"供水量"是指各种水源工程为用户提供的,包括输水损失在内的毛供水量之和。用水量是指用水户所使用的水量,既可以由供水单位提供,也可以由用水户直接从江河、湖泊、水库(塘)或地下取水获得。统计规则的不同,会导致供水量等于用水量或供水量大于用水量。

本研究中的供水量及用水量数据参考了青岛市水务管理局、青岛市水文局共编的《2019 年青岛市水资源公报》,其中供水量等于用水量。

一、供水量

2019 年,青岛市总供水量为 9.18×10^8 m^3,各市及各流域区详细的供水量和用水量如表 4-1 所示。其中,地表水源供水量为 6.42×10^8 m^3,占总供水量的 69.91%;地下水源供水量为 2.22×10^8 m^3,占总供水量的 24.13%;其他水

源供水量为 0.55×10^8 m^3，占总供水量的 5.96%。与 2018 年相比,青岛市总供水量减少了 0.15×10^8 m^3,其中地表水源供水量增加了 0.18×10^8 m^3,地下水源供水量减少了 0.2×10^8 m^3,其他水源供水量减少了 0.13×10^8 m^3。

在地表水源供水量中,蓄水工程供水量为 1.79×10^8 m^3,占 29.06%；引水工程供水量为 0.56×10^8 m^3,占 9.58%；提水工程供水量为 0.04×10^8 m^3,占 1.29%；跨流域调水量(引黄、引江水量)为 4.02×10^8 m^3,占 64.58%。在地下水供水量中,浅层地下水为 2.22×10^8 m^3；在其他水源供水量中,污水处理回用量为 0.29×10^8 m^3,海水淡化量为 0.26×10^8 m^3。

表 4-1　2019 年青岛市各市/各流域区供水、用水量　　单位:$\times10^4$ m^3

分区		供水量				用水量						
		地表水	地下水	其他	总供水量	农田灌溉	林牧渔畜	工业	城镇公共	居民生活	生态环境	总用水量
行政分区	市内三区	22645	5	5022	27672	0	0	3455	6051	12502	5664	27672
	崂山区	3914	415	0	4329	649	89	642	918	1746	285	4329
	黄岛区	11702	3001	446	15149	1218	844	5852	835	6162	238	15149
	城阳区	7201	1330	0	8531	179	32	3285	1305	3395	335	8531
	即墨市	5275	2115	0	7390	950	190	2250	300	3500	200	7390
	胶州市	4625	3090	0	7715	2511	104	1523	1009	2243	325	7715
	平度市	4322	9539	0	13861	9002	1429	1446	136	1809	39	13861
	莱西市	4528	2669	0	7197	3704	767	622	173	1822	109	7197
合计		64212	22164	5468	91844	18213	3455	19075	10727	33179	7195	91844

续表

分区		供水量				用水量						
		地表水	地下水	其他	总供水量	农田灌溉	林牧渔畜	工业	城镇公共	居民生活	生态环境	总用水量
流域分区	白沙河区	28398	854	5022	34275	696	100	4884	7367	15203	6025	34275
	周疃河区	750	845	0	1595	100	20	320	100	1090	70	1700
	墨水河区	2820	912	0	3731	62	23	2351	683	2645	205	5969
	南胶莱河区	1588	2357	0	3945	1989	278	387	337	874	83	3948
	北胶莱河区	3112	5801	0	8913	5284	939	1176	86	1277	39	8801
	洋河区	853	849	0	1702	921	54	204	226	454	72	1931
	风河区	10181	2140	446	12767	391	675	5700	779	5542	217	13304
	白马河区	1027	484	0	1511	550	76	20	16	332	5	999
	大沽河区	15483	7922	0	23405	8220	1290	4033	1133	5762	479	20917
合计		64212	22164	5468	91844	18213	3455	19075	10727	33179	7195	91844

二、用水量

2019 年,青岛市总用水量为 9.18×10^8 m³,其中居民生活用水量为 3.32×10^8 m³(包括城镇居民生活用水量 2.82×10^8 m³ 和农村居民生活用水量 0.50×10^8 m³),占总用水量的 36.12%;工业用水量为 1.91×10^8 m³(包括火电工业用水量 0.15×10^8 m³ 和非火电工业用水量 1.77×10^8 m³),占总用水量的 20.77%;城镇公共用水量为 1.07×10^8 m³(包括建筑业用水量 0.12×10^8 m³ 和服务业用水量 0.95×10^8 m³),占总用水量的 11.68%;农田灌溉用水量为 1.82×10^8 m³,占总用水量的 19.83%;林牧渔畜用水量为 0.35×10^8 m³,占总用水量的 3.76%;生态环境补水量为 0.72×10^8 m³,占总用水量的 7.84%。

与 2018 年度比,青岛市总用水量减少了 0.15×10^8 m³,其中居民生活用水量增加了 0.09×10^8 m³,工业用水量减少了 0.22×10^8 m³,城镇公共用水量增

加了 $0.07×10^8$ m³,农田灌溉用水量减少了 $0.13×10^8$ m³,林牧渔畜用水量减少了 $0.04×10^8$ m³,生态与环境补水量增加了 $0.08×10^8$ m³。

按居民生活用水、生产用水、生态环境补水划分,城镇和农村居民生活用水占 36.12%,生产用水占 56.04%,生态环境补水占 7.84%。在生产用水中,第一产业用水量(包括农田、林地、果地、草地灌溉及鱼塘补水和牲畜用水)为 $2.03×10^8$ m³,占总用水量的 23.59%,第二产业用水量(包括工业用水和建筑业用水)为 $2.24×10^8$ m³,占总用水量的 22.08%,第三产业用水量(包括商品贸易、餐饮住宿、交通运输、机关团体等各种服务行业的用水)为 $0.95×10^8$ m³,占总用水量的 10.37%。

三、用水消耗量

2019 年,青岛市用水消耗总量为 $4.09×10^8$ m³,耗水率(耗水量占用水量的百分比)为 44.54%。其中,农田灌溉耗水量为 $1.55×10^8$ m³,占用水消耗总量的 37.90%,耗水率为 84.98%;林牧渔畜业耗水量为 $0.27×10^8$ m³,占用水消耗总量的 6.60%,耗水率为 78.68%;工业耗水量为 $0.4×10^8$ m³,占用水消耗总量的 9.78%,耗水率为 20.99%;城镇公共耗水量为 $0.29×10^8$ m³,占用水消耗总量的 7.09%,耗水率为 27.11%;居民生活耗水量为 $0.97×10^8$ m³,占用水消耗总量的 23.72%,耗水率为 29.11%;生态与环境补水耗水量为 $0.61×10^8$ m³,占用水消耗总量的 14.91%,耗水率为 85.31%。

四、青岛市水资源开发利用的变化趋势

青岛市供水水源主要分为地表水供水水源(简称"地表水源")、地下水供水水源(简称"地下水源")与其他供水水源(简称"其他水源")三部分,其中地表水源包括大型水库、中型水库、小型水库、塘坝等本地水源,以及"引黄济青"和"南水北调"等调水工程;其他水源包括污水再利用和海水利用两方面。青岛市 2011~2019 年的供水情况如表 4-2 所示。从表 4-2 中可以看出,2011~2019 年青岛市总供水量的平均值为 $9.69×10^8$ m³,地表水供水量的平均值为 $6.22×10^8$ m³,地下水供水量的平均值为 $2.89×10^8$ m³。污水处理回用水与海水淡化水量较少,分别为 $0.47×10^8$ m³ 和 $0.11×10^8$ m³。

表4-2 2011～2019年青岛市供水情况

供水水源/(×10⁸ m³)	2011年	2012年	2013年	2014年	2015年	2016年	2017年	2018年	2019年	平均值
地表水	6.01	6.02	6.72	6.33	5.73	6.47	6.05	6.24	6.42	6.22
地下水	3.67	3.38	3.45	3.88	2.40	2.19	2.45	2.41	2.22	2.89
污水处理回用量	0.37	0.38	0.39	0.47	0.58	0.57	0.72	0.43	0.29	0.47
海水利用	0.03	0.04	0.03	0.02	0.06	0.09	0.22	0.25	0.26	0.11
总供水量	10.08	9.81	10.59	10.70	8.76	9.32	9.44	9.33	9.18	9.69

注:数据来源于《青岛市水资源公报(2011～2019年)》。

地表水源和其他水源的比例总体上呈上升趋势,其原因主要是近年来青岛市积极组织建设客水调引配套工程,加大客水资源调引量,进而导致地表水可供量增多。同时,由于技术水平提高、人们的节水意识加强,海水淡化水和污水再生回用水等其他水源的供水量也逐渐增多。未来青岛市的供水组成中,客水、海水淡化水及再生水将占据重要地位;而地下水的供水量总体上将呈现随着时间推移而逐渐下降的趋势,地下水供水量将会继续逐步减少。

第三节 用水情况分析与预测

一、人均生活用水量

生活用水的变化趋势与人口因素关系最为密切。为了更好地分析青岛市生活用水的发展趋势,参考相关文献,笔者选用"人均生活用水量"作为直接研究对象,分析了青岛市的生活用水情况。根据《青岛市水资源公报(2011～2019年)》的数据,分别计算了各个年份的城镇人均生活用水量和农村人均生活用水量,具体的计算结果如表4-3所示。

由表4-3和图4-1可以看出,2011～2019年,青岛市城镇人均日生活用水量在2011～2015年呈现下降趋势,2015～2016年显著增加,然后在2016～2018年又呈下降趋势,2018～2019年又呈增长趋势。2011～2019年,青岛市城镇人均日生活用水量平均为105.99 L/(人·天)。农村人均生活用水量在2011～2015年(除了2013年)整体呈现下降的趋势,2015～2018年整体呈上升趋势,2018～2019 年呈下降趋势。2011～2019 年,青岛市农村人均日生活用水量平均为 54.47 L/(人·天)。按照国家《城市居民生活用水标准》(GB/T 50331—2002)的规定,青岛市作为二类用水区域,用水定额为 85～140 L/(人·天),可见目前青岛市人均生活用水量处于较低水平。随着未来人们生活水平的提高,居民生活用水量将有所增加。按照当前的状态延续,预测到 2030 年,青岛市的城镇人均日生活用水量为 115 L/(人·天),农村人均日生活用水量为65 L/(人·天)。

表 4-3　2011～2019 年青岛市人均生活用水量　　　　单位:$\times 10^8$ m³

项目	2011	2012	2013	2014	2015	2016	2017	2018	2019	平均
城镇生活用水总量	2.15	2.30	2.28	2.27	2.28	2.67	2.64	2.69	2.82	2.46
城镇人口/万人	548.88	590.50	600.57	613.23	633.14	650.71	674.21	692.11	702.06	633.93
城镇生活用水量/[L/(人·天)]	107.26	106.64	103.96	101.38	98.47	112.35	107.28	106.48	110.05	105.99
农村生活用水总量	0.7162	0.6235	0.689	0.5288	0.4532	0.4428	0.52	0.53	0.50	0.56
农村人口/万人	330.63	296.35	295.84	291.39	276.56	269.69	254.84	247.36	247.92	278.95
农村生活用水量/[L/(人·天)]	59.35	57.64	63.81	49.72	44.89	44.98	55.90	58.70	55.25	54.47

图 4-1　2011～2019 年青岛市人均日生活用水量变化趋势

二、万元工业用水量

根据青岛市《统计年鉴》和《水资源公报》的相关数据,笔者计算了 2011~2019 年青岛市万元工业产值用水量,发现近年来青岛市万元工业产值用水量整体呈下降趋势。考虑到随着技术水平的提高,未来工业用水效率将逐渐提高,因此万元工业用水量将会继续逐渐下降。预测到 2030 年,青岛市的万元工业用水量将达到 0.413 m^3/万元。

三、农田灌溉用水量

为了节约和保护水资源,加强对农业灌溉用水的管理,促进农业灌溉科学用水、合理用水,青岛市实施了一系列节水措施,如"九五"期间建设了 4 处国家级高标准节水灌溉示范区和 89 处市级高标准节水灌溉示范工程。根据《青岛市水资源公报(2011~2019 年)》的相关数据,2011~2019 年,青岛市农田灌溉用水量呈现下降的趋势,从 3.11×10^8 m^3 下降到了 1.82×10^8 m^3,下降了 1.29×10^8 m^3;每公顷农田灌溉用水量也从 938 m^3 下降到了约 500 m^3。随着经济的发展,以及管道输水、喷/微灌、调整水价等农业节水措施的推广和应用,每公顷农田灌溉用水量将会继续下降,因此预测到 2030 年,青岛市的农田灌溉用水定额为 450 m^3/hm^2。

第四节　基于 SD 模型构建水资源可持续利用体系

面对水的需求量越来越大、供需水的矛盾愈加尖锐化的现状,青岛市需要统筹规划城乡用水,合理开发、优化设置和高效利用污水、雨水、海水和客水等各类水资源;以资源、环境和社会的协调为前提,在充分论证技术可行性和经济合理性后做出决策;构建以水资源承载力为核心的水资源可持续利用体系。其中,水资源承载力需要以青岛市的水资源供需平衡为目标。

系统动力学(system dynamics,SD)由美国麻省理工学院的简·福斯特(Jay W. Forrster)教授于 1956 年创立的,其能够对多变量的系统进行较好的仿真模拟,反映出复杂系统的内在机制。而水资源承载力系统是由水资源、社会经济和环境组成的复杂系统,具有动态性与复杂性的特征。因此,本研究采用系统动力学的方法,借助 Vensim PLE 软件建模,通过对各种不同方案的模拟,对青岛市水资源与人口、环境和经济发展的动态关系进行了研究分析。其中，Vensim PLE 软件是由美国温塔娜系统公司（Ventana Systems Inc.）开发的，是一款可以观念化、文件化、模拟、分析与最佳化动态系统模型的图形接口软件。

一、SD 模型的建立

利用 SD 模型，模拟不同方案下青岛市 2011～2030 年水资源承载力的动态变化，可以探索在水资源总量不足的前提下，如何制定提高青岛市水资源承载力，实现社会、经济与环境协调发展的优化方案，实现对水资源的可持续利用。在本研究中，青岛市水资源承载力 SD 模型的空间边界是整个青岛市，模拟时间段为 2011～2030 年，以 2011 年为基准年，模拟步长为 1 年。

基于水资源承载力的水资源可持续利用系统是一个复杂系统，与人口、经济、社会、生态环境等因素关系密切，按水资源供需及开发利用类型，可将城市水资源可持续利用系统划分为地表水供水系统、地下水供水系统、再生水供水系统、海水淡化供水系统 4 个可供水子系统，外加农业需水系统、工业需水系统、生活需水系统、城市生态环境需水系统 4 个需水子系统。其中，地表水可供水量又进一步分为城市蓄水量、城市引水量、城市提水量 3 种类型。各子系统之间相互作用，相互联系。水资源分类后的数学表达式可以概括为：

$$W_{城市可供水量} = W_{地表水供水量} + W_{地下水供水量} + W_{再生水供水量} + W_{海水淡化供水量}$$

$$W_{地表水供水量} = W_{城市蓄水量} + W_{城市引水量} + W_{城市提水量}$$

$$W_{城市总需水量} = W_{生活需水量} + W_{工业需水量} + W_{农业需水量} + W_{城市生态环境需水量}$$

本研究运用 SD 专业建模软件 Vensim PLE 建立了青岛市水资源承载力 SD 模型系统流图，如图 4-2 所示。

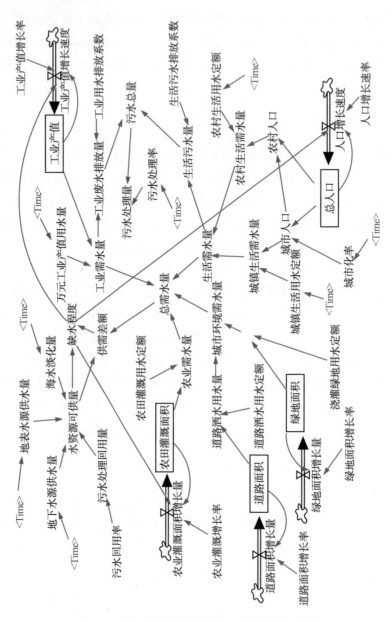

图 4-2 青岛市水资源承载力 SD 模型系统流图

在研究中,要想在系统流图外显示变量间的定量关系,就需要分析系统内部各子系统变量间的逻辑关系,采用函数、常数构建状态变量方程、速率方程和辅助方程。笔者参照青岛市 2012 年的《统计年鉴》、青岛市 2011 年的《水资源公报》及相关的规划数据资料,确定了方程中的主要变量初始值,如表 4-4 所示。

Vensim PLE 软件指标编辑器如图 4-3 所示,具体指标的编辑过程如本书后面的附录所示。

表 4-4　青岛市水资源承载力 SD 模型主要变量初始值

变量	初始值	变量	初始值
海水淡化量/($\times 10^8$ m^3)	0.03	农田灌溉用水定额/(m^3/hm^2)	938
地表水源可供量/($\times 10^8$ m^3)	6.0097	农田灌溉面积增长率/%	0.8
地下水源可供量/($\times 10^8$ m^3)	3.6677	绿地面积/($\times 10^4$ hm^2)	1.8013
万元工业产值用水量/m^3	1.44	浇灌绿地用水定额/(m^3/hm^2)	60
污水处理率/%	90	绿地面积增长率/%	14.7
农村生活用水定额/(L/人·天)	59	总人口/万人	879.51
城镇生活用水定额/(L/人·天)	107	人口增长率/%	0.91
城市化率/%	62.98	工业产值/亿元	13278
道路面积/($\times 10^4$ hm^2)	0.6605	工业产值增长率/%	9
道路洒水用水定额/(L/m^2·d)	2	污水再生回用率/%	12
道路面积增长率/%	5.5	生活污水排放系数/%	98
农田灌溉面积/($\times 10^4$ hm^2)	41.98	工业用水排放系数/%	60

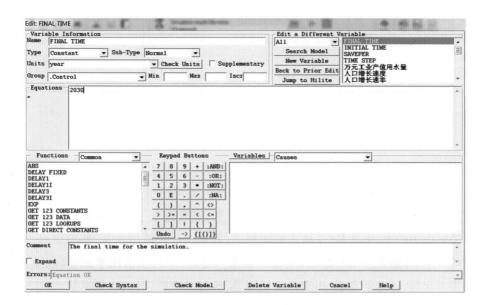

图 4-3　Vensim PLE 软件指标编辑器

二、SD 模型检验

SD 模型使用前需进行检验,即检验一下通过模型获得的信息与行为是否反映了实际系统的特征与变化规律。具体方法为将具有代表性的参数输入模型进行仿真运行,把所得结果与历史实际数据进行比较,验证其吻合度,针对模型模拟的可靠性和准确性做出判断。由于模型中的变量较多,因此本研究主要对总人口以及生活需水量进行了历史验证(见表 4-5)。通过分析可以看出,这两个变量的模拟值与实际值基本吻合,误差在 6% 之内,可见预测值比较准确,模型的有效性较好。

表 4-5　模型历史值检验结果

	项目	2011 年	2012 年	2013 年	2014 年	2015 年	2016 年	2017 年	2018 年	2019 年
总人口	实际值/万人	879.51	886.85	896.41	904.62	909.70	920.40	929.05	939.48	949.98
	模拟值/万人	879.51	887.50	895.56	903.69	911.90	920.20	928.56	937.05	945.40
	误差/%	0	0.07	−0.09	−0.10	0.24	−0.02	−0.05	−0.26	−0.48
生活需水量	实际值/($\times10^8$m³)	2.87	2.92	2.97	2.80	2.73	3.11	3.16	3.22	3.32
	模拟值/($\times10^8$m³)	2.86	2.95	2.93	2.89	2.88	3.27	3.30	3.33	3.41
	误差/%	−0.35	1.03	−1.35	3.21	5.49	5.14	4.43	3.42	2.71

三、方案设计与模拟结果分析

笔者结合青岛市的实际情况和未来发展方向,选取决策变量,设计了各种不同的方案,并对此进行了模拟,分析了各个方案可能引起的水资源承载力的变化趋势。遵循科学性、整体性和可行性原则,笔者选取了位于流程图起始点、起关键作用的 13 个变量(工业产值增加率、万元工业产值用水量、城市化率、人口增长率、绿地道路用水定额、城市生活用水定额、农村生活用水定额、农业灌溉用水定额、污水处理率、污水再生回用率、淡化水产能、引调水供水量、蓄水供水量)作为决策变量。通过改变决策变量的值来模拟青岛市水资源承载力的动态变化。选取的关键控制变量在滨海城市水资源可持续利用体系中的具体分布情况如图 4-4 所示(图中加粗的项为关键控制变量)。

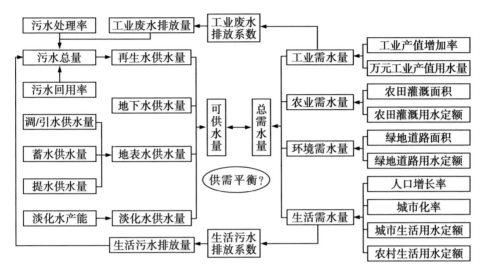

图 4-4　滨海城市水资源分类及选取的关键控制变量分布情况

本研究共设计了自然延续型、经济发展型、节水型、综合发展型四种城市水资源利用方案,现简单介绍如下:

(1)自然延续型方案。自然延续型方案即不采取任何措施,方案中各决策变量的指标值维持现有发展趋势。

(2)经济发展型方案。经济发展型方案大力提倡经济发展,把经济发展放在重中之重的位置,通过优化产业结构,提高经济发展的速度。2011~2019 年,青岛市的工业产值增长率在 2012 年最高,达到了 15%,故在此方案中,将工业产值增长率提高到 15%。到 2030 年,将城市化水平提高到 95%,其他参数指标保持不变。

(3)节水型方案。节水型方案要求改变发展策略,降低经济发展速度,限制城镇人口的增长速度,提高生活污水、工业废水的处理率和回用率;通过调整用水定额,发展节水农业。到 2030 年,将青岛市的污水处理率提高到 100%,污水再生回用率提高到 50%;将农村人均生活用水定额降为 40 L/(人·天),城市人均生活用水定额降为 70 L/(人·天),农田灌溉用水定额降为 450 m³/hm²。

(4)综合发展型方案。综合发展型方案是在合理开发利用水资源的前提下,综合考虑以上三种方案,到 2030 年,让青岛市的污水处理率提高到 100%,污水再生回用率提高到 50%,城市化水平达到 95%,工业产值增长率维持在

15%,农田灌溉用水定额降为 450 m³/hm²;将农村人均生活用水定额降为
40 L/(人·天),城市人均生活用水定额逐渐降为 70 L/(人·天)。

按照上述方案,对模型的有关参数进行调整,运行青岛市水资源承载力模
型,仿真模拟结果如图 4-5 所示。

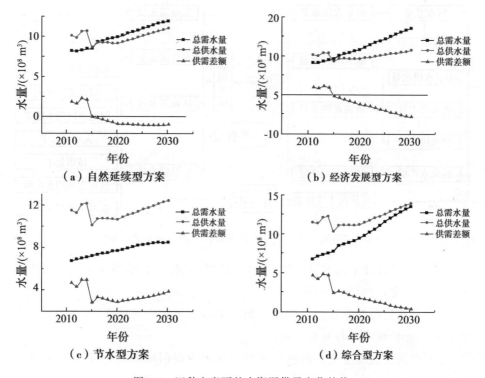

图 4-5　四种方案下的水资源供需变化趋势

由图 4-5(a)自然延续型方案可以看出,2016～2030 年,青岛市水资源的总
供水量与总需求量都随着时间的推移呈现递增趋势,但总需水量要高于总供水
量,即供需差额小于 0,且差距越来越大。2030 年,青岛市总需水量为 11.91×
10⁸ m³,总供水量为 11.03×10⁸ m³,供需差额达到 −0.88×10⁸ m³,表明青岛市
处于缺水状态,水资源的供水量将达不到社会经济发展的要求。

由图 4-5(b)经济发展型方案可以看出,经济的快速发展加大了对水资源的
需求,2015～2030 年,青岛市总需水量始终高于总供水量,即供需差额小于 0,
2030 年水资源总需求量达到 17.01×10⁸ m³,而水资源可供量仅为 11.39×
10⁸ m³,供需差额达到 −5.62×10⁸ m³。在此阶段虽然经济发展迅速,但青岛市
的缺水形势会更加严峻。

自然延续型和经济发展型两种方案中,水资源短缺问题主要通过调引客水来解决。根据青岛市相关规划资料显示,青岛市计划到 2020 年实现调引客水 4.77×10^8 m^3,以保证城市供水。而 2017 年青岛市已经跨流域调引客水 5.3×10^8 m^3,远远超过了计划调水量,再加上近年来黄河下游多次断流,可引黄河水量逐年减少,因此在不采取节水和开发其他水资源的前提下,仅通过调引客水资源难以满足青岛市对水资源的需求,故无法从根本上解决青岛市水资源短缺的问题。

由图 4-5(c)节水型方案可以看出,通过实施各种节水措施,青岛市的总需水量大大减少,2030 年青岛市的总需水量为 8.54×10^8 m^3,总供水量为 12.43×10^8 m^3。评估年内总供水量始终大于总需水量,即供需差额大于 0,说明青岛市水资源供需平衡问题得到了有效的缓解,水资源基本上得到了合理的开发和利用,但该方案经济发展较慢。

图 4-5(d)综合发展型方案结合了以上三种方案的优点,在实施各种节水措施的同时,加大了对污水处理、污水再生回用的投入力度,努力提高污水利用率,同时不限制经济的增长速度,提高了城镇化率。可以看出,到 2030 年,青岛市的总需水量为 13.50×10^8 m^3,总供水量为 13.93×10^8 m^3,供需差额为 0.43×10^8 m^3,水资源供需基本保持平衡,对水资源的开发利用比较合理。比较而言,综合发展型方案全面考虑了节约用水、污水治理,优化产业结构等措施,既缓解了水资源紧缺的问题,又促进了青岛市整体经济水平的提高,有利于青岛市社会、经济与环境资源的协调发展。通过对比前三种方案,笔者认为该方案可取,可作为青岛市水资源可持续利用的实施方案。

四、综合发展型方案指标变化趋势分析

(一)经济发展相关指标

从图 4-6 中可以看出,青岛市的城市化率与城市人口在 2011~2030 年呈稳定递增趋势。其中,城市化率到 2030 年将达到 95%,城市人口将达到 992 万人。城市化率的增加和城镇人口的增加必将导致城市用水量、城市道路面积、城市环境需水量的增加,进而导致总需水量增加。

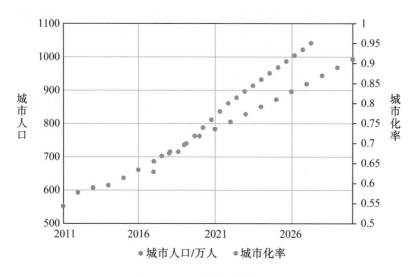

图 4-6　经济指标变化趋势

（二）可利用水资源系统

从图 4-7 中可以看出，在 2011～2030 年，青岛市地表水源供水量变化相对较小，除 2015 年地表水源供水量为 5.7×10^8 m^3 外，其余年份均在 6×10^8～7×10^8 m^3 之间。为保护地下水资源和水资源的可持续利用，青岛市地下水源供水量在 2014～2015 年出现了显著降低，从 3.8×10^8 m^3 降到 2.4×10^8 m^3，降低了 1.4×10^8 m^3。为进一步缓解青岛市水资源短缺危机，青岛市的污水处理回用量呈稳定增长趋势，预计到 2030 年污水处理回用量将增加到 3.6×10^8 m^3。随着海水淡化技术的发展与完善，结合青岛市淡化水资源的区位优势与政策支持，青岛市的海水淡化量在 2020～2030 年间将出现增加的趋势，预估到 2030 年海水淡化量将增加到 1.5×10^8 m^3。

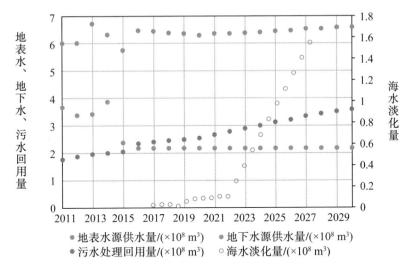

图 4-7　可利用水资源系统相关指标变化趋势

（三）农业用水系统

随着最严格的耕地保护制度和节约用地制度的实施,青岛市在严格控制增量土地的同时,进一步加大了盘活存量土地的力度。从图 4-8 中可以看出,在 2011～2030 年,青岛市的农业灌溉面积呈增加趋势。假设农田灌溉用水定额为 450 m^3/hm^2 不变,则农业需水量必然会随着农田灌溉面积的增加而增加。据 SD 模型估计,青岛市的农业需水量到 2030 年将增加到 $1.7×10^8$ m^3。

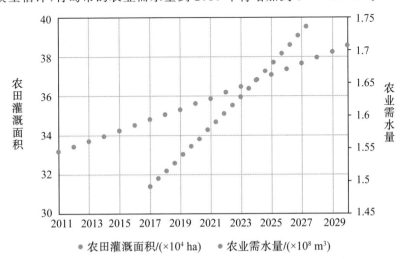

图 4-8　农业用水系统相关指标变化趋势

（四）工业用水系统

从图 4-9 中可以看出，在 2011～2030 年，青岛市的工业产值增加显著。随着青岛市打造"一带一路"国际合作平台、建设中国上海合作组织地方经贸合作示范区、青岛市自贸片区等目标的具体落实，预计其工业产值的增加趋势在2022 年之后将尤其明显。与此同时，青岛市的工业需水量在 2011～2030 年间将持续增加，预计到 2030 年青岛市的工业需水量将增加至 $7.6 \times 10^8 \text{ m}^3$。随着工业用水效率的增加，对应的工业废水排放量虽然也呈增加趋势，但增加趋势要弱于工业需水量的增加趋势。在万元工业产值用水量方面，随着青岛市大力推行节水型企业、节水型灌区、节水型单位等建设，推广节水技术、节水器具，青岛市的水资源利用率将会明显提高，将会实现用较少的水资源消耗支撑经济社会的发展。因此青岛市的万元工业产值用水量将从 2011 年的 1.44 m^3/万元逐渐降低，预计到 2030 年将降低到 0.4 m^3/万元。

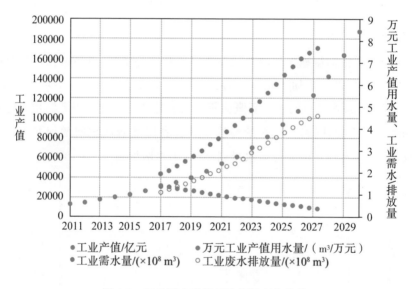

图 4-9　工业用水系统相关指标变化趋势

（五）生活用水系统

从图 4-10 中可以看出，在 2011～2030 年，青岛市的城镇生活需水量在2011～2016 年呈增长趋势，在 2016～2020 年呈递减趋势。由于城镇用水定额减少和城镇人口数量增加等因素的共同影响，青岛市的城镇生活需水量在2020～2030 年基本稳定，变化幅度较小。

假定青岛市的生活污水排放系数为恒定值 0.98,生活污水量的变化趋势与生活需水量相似,那么,青岛市的城镇生活用水定额除在 2015~2016 年出现跳跃式增加外,随着青岛市建设节水型城市和保护水环境等目标的实施,其值在 2011~2030 年将持续降低,到 2030 年青岛市的城镇生活用水定额将降低至 70 m³/(人·天);农村生活用水定额也呈现出了递减的趋势,到 2030 年将减少至 40 m³/(人·天)。进而,随着农村人口的减少,农村生活需水量亦呈递减趋势。

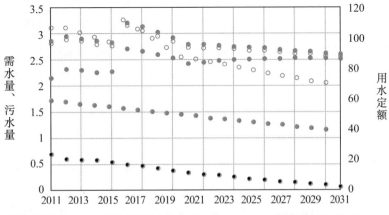

图 4-10　生活用水系统相关指标变化趋势

(六)城市环境用水系统

从图 4-11 中可以看出,在 2011~2030 年,随着青岛市道路面积的增加,其道路洒水用水量将呈增加趋势,预计到 2030 年道路洒水用水量将增加至 $1.3×10^8$ m³。根据青岛市城市总体规划,随着青岛市生态绿地、公共绿地、生产绿地与防护绿地等绿地面积的增加,对应的浇灌绿地用水量将显著增加,SD 模型预计 2021~2030 年浇灌绿地用水量的增加将显著高于 2011~2020 年浇灌绿地用水量的增加。受道路洒水用水量、浇灌绿地用水量等因素的共同影响,青岛市城市环境需水量将呈增长趋势,预计到 2030 年将增加至 $1.47×10^8$ m³。

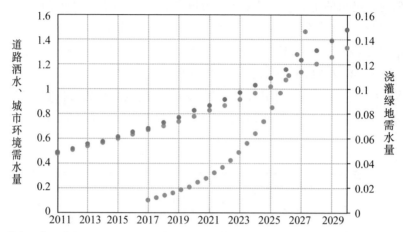

图 4-11　城市环境用水系统相关指标变化趋势

（七）污水处理与回用系统

从图 4-12 中可以看出，在 2011～2030 年，青岛市的污水总量呈增加趋势，预计到 2030 年，青岛市的污水总量将达到 $7.1 \times 10^8 \text{ m}^3$。随着污水处理标准与技术的提高，青岛市的污水处理率到 2030 年将达到 100%。在此期间，青岛市的污水处理量将呈增加趋势。

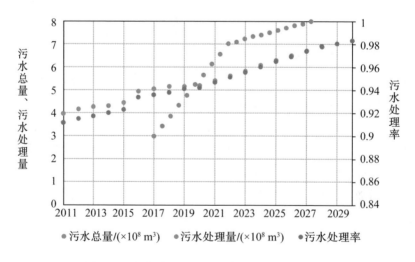

图 4-12　污水处理与回用系统相关指标变化趋势

第五节 基于多目标问题优化法的水资源优化配置

一、水资源优化配置的意义

所谓"水资源优化配置",是指通过改善用水结构和用水量的方式,对某一区域的水资源进行更加科学合理的再分配。所谓"水资源优化配置",是指以水资源的可持续利用和经济社会的可持续发展为目标的,通过合理抑制用水需求、有效增加供水、积极保护生态环境等为手段和措施的水资源利用方式。水资源优化配置既可以协调社会经济和生态环境之间的用水矛盾,又可以协调各产业部门之间的用水需求,使得在水资源量和水环境容量有限的前提下,达到经济效益和生态效益的最大化,实现可持续发展的目标。

二、多目标问题优化法

多目标问题(multi-objective optimization problem,MOP)优化法的原则是在多目标优化过程中,任何目标都不可偏废,必须强调目标间的协调发展。多目标决策的优点在于它可以同时考虑多个目标,避免为实现某单一目标而忽视其他目标。多目标优化问题的数学表达式为:

设计变量为:

$$\boldsymbol{X} = [x_1, x_2, \cdots, x_n]^{\mathrm{T}}$$

目标优化模型为:

$$\mathrm{Max/Min}F(\boldsymbol{X}) = \mathrm{Max/Min}[f_1(\boldsymbol{X}), f_2(\boldsymbol{X}), \cdots, f_m(\boldsymbol{X})]$$

约束条件为:

$$a_i \leqslant x_i \leqslant b_i \quad (i = 0, 1, 2, \cdots, n)$$

$$h_j(\boldsymbol{X}) = 0 \quad (j = 0, 1, 2, \cdots, p)$$

$$g_k(\boldsymbol{X}) \leqslant 0 \quad (k = 0, 1, 2, \cdots, l)$$

式中,$f_1(\boldsymbol{X}), f_2(\boldsymbol{X}), \cdots, f_m(\boldsymbol{X})$ 为目标函数,m 为目标函数的个数;a_i, b_i 为第 i 个设计变量 x_i 的上下限,n 为设计变量的个数;$h_j(\boldsymbol{X})$ 为非上下限等式,p 为非上下限等式约束的个数;$g_k(\boldsymbol{X})$ 为非上下限不等式,l 为非上下限不等式约束的个数。

水资源优化利用是指在特定流域或区域内,对有限的、不同形式的水资源进行科学合理的分配,使有限的水资源得到合理充分的利用,为区域内的工业、农业、生活、生态等提供可靠的水源,保证社会经济、资源、生态环境的协调发展,以获得最好的综合效益。

三、水资源优化利用的目标分类

(一)经济—社会—生态环境目标

青岛市对水资源的优化利用涉及"人—生态—环境—社会—经济"这一复杂巨系统的不同子系统和不同层面的多维协调关系,是典型的半结构化、多层次、多目标的群决策问题。本研究对应的具体目标分别为区域供水净效益最大、区域总缺水量最小、区域重要污染物化学需氧量排放量最小。

(1)社会目标:社会目标为各子区满足水资源供需平衡目标,为最重要的水资源优化利用目标。当供水量小于需水量时,以各水平年各子区缺水量最小为目标;当供水量大于需水量时,生活用水及农业用工业用水实行按需配水,工业等其他用水参考经济目标、生态环境目标及其他任务目标。社会目标 $f_1(x)$ 的数学表达式为:

$$f_1(x) = \text{Min} \sum_{j=1}^{J} \left(\sum_{i=1}^{I} x_{ij} - D_j \right)$$

式中,x_{ij} 为供水量,D_j 为用户需水量,I 为区域最大用户数,J 为区域最大水源数。

(2)经济目标:经济目标即各水平年各子区不同行业用水产生的经济效益最大。经济目标 $f_2(x)$ 的数学表达式为:

$$f_2(x) = \text{Max} \sum_{j=1}^{J} \sum_{i=1}^{I} (b_{ij} + c_{ij}) x_{ij} \alpha_i \beta_j$$

式中,b_{ij} 为效益系数,c_{ij} 为费用系数,α_i 为供水次序系数,β_j 为用水公平系数。

(3)生态环境目标:生态环境目标即各水平年各子区代表性水污染物的排放量之和最小。生态环境目标 $f_3(x)$ 的数学表达式为:

$$f_3(x) = \text{Min} \sum_{j=1}^{J} 0.01 d_j p_j \sum_{i=1}^{I} x_{ij}$$

式中,d_j 为 j 用户单位废水排放量中具有较高代表性的水污染物的含量,p_j 为 j 用户的废/污水排放系数。

(二)约束条件

青岛市水资源优化利用方法的约束条件主要考虑区域供水能力约束、区域用水系统的需水能力约束和非负约束等。

(1)供水能力约束:供水能力约束为 i 水源向所有用户的供水量之和应小于其可供水量,其数学表达式为:

$$\sum_{j=1}^{J} x_{ij} \leqslant W_i$$

式中,W_i 为 i 水源的可供水量。

(2)需水能力约束:需水能力约束为 j 用户从水源获得的水量应该介于该用户需水量的上下限之间,其数学表达式为:

$$L_j \leqslant \sum_{i=1}^{I} x_{ij} \leqslant H_j$$

式中,L_j 和 H_j 分别为 j 用户需水量的上限和下限。

(3)变量非负约束:供水量 $x_{ij} \geqslant 0$。

四、水资源优化配置的参考因素

(一)水源供水次序系数

青岛市的供水属于多水源联合供水。为了更加条理地分析青岛市的水资源供需顺序,本研究将青岛市的供水资源划分为地表水(本市流域)、地下水(本市流域)、客水(主要指引黄引江)、雨水、再生水、淡化水六大类。

党的十八大以来,习近平同志为核心的党中央着眼于生态文明建设全局,在治水方面提出了"节水优先、空间均衡、系统治理、两手发力"的十六字治水方针。从水资源可利用量的方面考虑,近年来青岛市受气候干旱的影响,降水量严重偏少,主要河道处于干涸或断流状态。基于此,青岛市供水部门积极加大对客水的调引力度,其中 2019 年青岛市引黄河、引长江的供水量已经达到 $4.02 \times 10^8 \text{ m}^3$,占青岛市总水量的 43.79%,占青岛市地表总供水量的 64.58%。客水资源为青岛市经济、社会与生态环境的可持续发展提供了坚强有力的支撑,在较大程度上保证了青岛市的用水安全。基于此,本研究建议青岛市优先利用以南水北调水、引黄水为主的客水资源。

尽管地下水水质往往优于地表水水质,但从合理规划水资源和过度开采地下水的危害等角度考虑,城市供水应当统筹安排地表水和地下水。为维持青岛市生态的良性发展,早在 2009 年,已有青岛市政协委员郑西来提议,应高度重视对大沽河地下水资源的保护,并加强开展建设项目对地下水环境影响的评价工作。基于青岛市水资源的利用现状,在地表水和地下水的利用过程中,本研究建议青岛市优先利用地表水,涵养地下水资源;然后合理控制开采雨季时的浅层地下水,严格控制开采深层地下水。

流域是具有层次结构和整体功能的复合系统,流域内地表水与地下水可以相互转换。流域水循环不仅构成了社会经济发展的资源基础,是生态环境的控制因素,同时也是诸多水问题和生态问题的共同症结所在。以流域为单元对水资源进行综合管理顺应了水资源的自然运动规律和经济社会特征,可以使流域水资源的整体功能得以充分发挥。因此,本研究建议青岛市在优先利用南水北调水和引黄水的同时,重点考虑高效利用本市所辖流域的地表水。

从节约水资源、减少废水排放及实现水资源的综合保障等角度考虑,汛期的集中降雨大部分都直接排入城市排水管网,无法得到充分有效的利用;而基于低影响开发技术与"海绵城市"理念的城市规划建设不仅能够涵养城市水源,更能提高城市雨水资源的利用率,缓解城市水资源短缺的压力,还可以统筹协调水量与水质、地表水与地下水等关系,有效控制城市的降雨径流。此外,作为第二批国家"海绵城市"建设试点城市,"海绵城市"建设是青岛市现代化城镇建设中的重要组成部分。因此,本研究建议青岛市通过规划建设"海绵城市"的方式利用雨水。

据统计,2019年青岛市城市再生水利用率达45%以上。2019年,青岛市的再生水利用量为0.29×10^8 m^3,但再生水水量基数较小且水质较差,用途也较为有限。基于以上条件,笔者建议青岛市将再生水用于工业用水、环境用水等方面,例如用于工业冷却、工艺、绿化、保洁、冲厕、基建、河道景观、水源热泵等方面。

从区域水资源利用的可持续与长久性角度考虑,青岛市的发展必须改善淡水资源严重不足、对客水依赖度高的状况。自2010年起,青岛市开始着力推进海水淡化项目建设,截至2019年,青岛市每天实际生产淡化水达15万吨,占全国已建成产能的1/5,且在2020年成为国家海水淡化规模化试点示范后,海水淡化能力达到了每天40万吨。目前,受腐蚀性、高硼、地矿等因素的影响,淡化水进入供水管网仍需要设置一定的混掺比。因此,笔者建议青岛市的淡化水以工业利用为主,以城市调配用水和战略储备为辅,将海水淡化打造成城市供水的重要补充和战略储备水源。同时,将除硼、矿化、符合人体健康饮用、达到生活饮用水卫生标准的淡化水逐步纳入青岛市市政供水管网,作为今后城市供水的重要组成部分。

供水次序系数反映了各水源相对于其他水源供水的优先程度。将各水源的优先程度转化成[0,1]区间上的系数,即供水次序系数。为了更加科学合理地确定青岛市的水资源供水次序系数,本研究首先使用层次分析法确定了青岛市各种水源供水次序系数的权重,进而确定了对应的水资源供水次序系数。

根据专家评分法,得到青岛市供水次序系数判断矩阵,如表4-6所示。通过计算判断矩阵,得出特征向量 $W=(0.52,0.41,0.31,0.21,0.63,0.10)$,其中最大特征值 λ_{max} 为6.00,归一化后的青岛市各水源供水次序系数对应的权重如表4-7所示。判断矩阵的一致性检验指标 CR 值在0.1以下,因此青岛市供水次序系数判断矩阵的一致性检验符合要求,即得到的青岛市各水源供水次序系数的权重是科学合理的。

表 4-6　青岛市水资源种类重要性判断矩阵

水资源种类	地表水	地下水	雨水	再生水	客水	淡化水
地表水	1	5	5/4	5/3	5/6	5/2
地下水	1/5	1	1/4	1/3	1/6	1/2
雨水	4/5	4	1	4/3	2/3	2
再生水	3/5	3	3/4	1	1/2	3/2
客水	6/5	6	3/2	2	1	3
淡化水	2/5	2	1/2	2/3	1/3	1

表 4-7　青岛市各水源供水次序系数

水资源种类	地表水	地下水	雨水	再生水	客水	淡化水
权重	0.24	0.05	0.19	0.14	0.29	0.10

综上所述,在当前水资源供需现状和条件下,青岛市各水源的供水次序为:客水>地表水>雨水>再生水>海水淡化水>地下水。

需要注意的是,各种水资源的相对重要性及供水次序不是一成不变的。例如,随着青岛市淡化水水质标准、海水淡化技术的提高和相关配套设备的完善,产水量会不断增加,导致青岛市对客水的依赖性逐渐降低,届时,淡化水资源在青岛市水资源可持续利用体系中的权重将会增大,对应的供水次序将会上升。

（二）用户公平系数

用户公平系数需要依照公平性原则来考虑,该系数反映的是某类用户相对于其他类用户优先得到供水的重要性程度。按照"先生活,后生产"的原则,青岛市水源分配要在优先满足人民生活饮用需求的前提下,统筹安排工农业生产和其他用水。由此拟定各用户得到供水的次序先后为:生活用水＞工业用水＞农业用水＞生态环境用水。

用户用水公平系数 β_j^k 是指 k 子区 j 用户相对其他用户优先得到供给的重要性程度。根据用户的性质和重要程度,确定用户优先得到供水的次序。β_j^k 与用户优先得到供给的次序有关,n_i^k 表示 k 子区 i 水源供水次序的序号,$n_{\max}^k$ 表示 k 子区水源供水序号的最大值。将用水的重要程度转化成 $[0,1]$ 区间上的系数,即用户用水公平系数,其数学表达式为:

$$\beta_j^k = \frac{1 + n_{\max}^k - n_i^k}{\sum_j^{I(k)} \left[1 + n_{\max}^k - n_i^k \right]}$$

式中,$I(k)$ 为 k 子区域的最大水源数。

最终得出青岛市生活、工业、农业、生态环境的用水公平系数如表 4-8 所示。

表 4-8　青岛市用水公平系数

用水类型	生活用水	工业用水	农业用水	生态环境用水
用水公平系数	0.40	0.30	0.20	0.10

（三）其他参考因素

1.工业用水效益系数

工业用水效益系数为用水定额(工业万元增加值取水量)的倒数。根据《青岛市水资源综合规划》中的数据,青岛市 2030 年的万元工业增加值用水量为 5.4 m³/万元。

生活与环境用水效益系数一般难以定量化,为保证其得到满足,效益系数可赋予较大值。农业灌溉用水的效益系数按灌溉后的农业增产效益乘以水利分摊系数来确定。灌溉效益水利分摊系数一般为 0.20～0.60。

原数据的"产值"数据来源于《青岛市统计年鉴》,"用水量"来源于《青岛市水资源公报》。

2.用水费用系数

不同的水源供水给不同的用户时,费用是不同的,可参考其水费征收标准进行确定。缺乏资料时,可参考"中国水网"中的相关数据或邻近地区同类水源工程选取。

3.需水量的上下限

需水用户可分为生活、工业、农业和生态四种,其各自的需水量上下限分别为基本方案和推荐方案中的最大值和最小值。

4.废水排放系数及代表性水污染物含量

根据《全国环境统计公报》《青岛市水资源公报》及相关环境资料,确定青岛市各计算单元的废水排放系数和代表性水污染物含量。

五、水资源优化配置方案概况

因条件限制,本研究未对基于多目标问题优化法中的全部参数进行计算,仅计算了水源供水次序系数和用户公平系数,即青岛市水资源优化配置方案由水源供水次序系数和用户公平系数共同决定。最终,结合青岛市水资源开发利用的实际情况,笔者提出的青岛市水资源利用次序(见图4-13)及青岛市水资源可持续利用概化方案如下:

(1)根据当前青岛市水资源供需现状和条件,建议各种水资源的供水次序为:客水>地表水>雨水>再生水>海水淡化水>地下水。

(2)优先利用南水北调水、引黄水等客水资源;在优先利用南水北调水资源的同时,兼顾高效利用青岛市所辖流域的地表水资源;客水、地表水和地下水资源优先保障生活用水,然后才是作为工业用水和农业用水。此外,还要从整体上提高城市的水资源储备量。

(3)在地下水资源的利用过程中,要加强对地下水资源的涵养,合理控制对浅层地下水资源的开采,严格控制对深层地下水资源的开采。

(4)雨水资源主要用作城市生态环境用水,用于改善生态环境,例如用于城市清洁、城市绿化用水、水体景观用水等。此外,雨水资源还可用于地下水回灌,用于提高地下水位,阻止或延缓地表沉降。同时,为涵养城市水源,缓解城市水资源短缺的压力,有效控制城市降雨径流,建议通过完善和优化"海绵城市"规划建设等方式,提高城市对雨水资源的利用率。

(5)再生水资源基数较小且水质相对较差时,其用途会受到限制,建议将再生水资源用于生态环境用水、市政用水、工业冷却用水等方面。随着再生水水质标准的提高,再生水资源今后可用于农业灌溉。

(6)从区域水资源利用的可持续与长久性角度考虑,建议青岛市的淡化水以工业利用为主,以城市调配用水和战略储备为辅,将海水淡化打造成城市供水的重要补充和战略储备水源。同时,将脱硼、矿化、符合人体健康标准、达到生活饮用水卫生标准的淡化水设置一定的混掺比,然后纳入青岛市市政供水管网,作为今后城市公共供水的一个重要组成部分。

(7)从规划管理学的角度分析城市水资源的可持续利用,实现标准化、精细化、差异化的供水管理是必然趋势。其中,差异化供水的表现形式主要为分质供水。

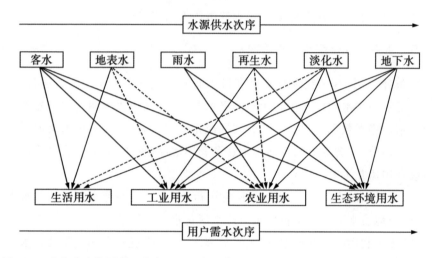

图 4-13 青岛市水资源利用次序(注:图中实线表示青岛市目前水资源利用的主要形式,虚线表示水资源利用于该形式时受到一定条件的限制)

随着社会经济的快速发展,青岛市的水资源需水量将不断扩大。面对如此紧张的用水短缺局面,青岛市应加快水源配置网络体系建设,形成辐射青岛市、互济互配的水资源配置网络体系,在提高区域供水保证率的同时,统筹城乡供水,增加供水能力;同时,青岛市拥有丰富的海洋资源,随着海水淡化技术与产业的发展,可逐步加大对淡化海水的利用量,加大对淡化海水的利用力度;不断加大污水处理和雨水收集力度,提高再生水回用率,从总体上增强供水能力。

第六节　本章小结

本章为上篇的核心部分,从水资源分类与可持续利用途径(除本区地表/地下水资源)、青岛市水资源开发利用现状(2019 年)、用水情况预测与分析、基于水资源承载地 SD 模型构建水资源可持续利用体系、基于多目标问题优化法的水资源配置这五大方面,系统详细地介绍了城市水资源可持续利用体系。其中,水资源分类与可持续利用途径中的水资源分为城市雨水资源、海水淡化水资源、客水资源、再生水资源四大类。在青岛市水资源开发利用现状的分析中,笔者分别分析了供水量、用水量、用水消耗量与水资源开发利用变化趋势(2011～2019 年)四个方面。在用水情况分析与预测中,选择了人均生活用水量、万元工业用水量与农田灌溉用水量三个指标。

在构建水资源可持续利用体系时,按水资源供需及开发利用类型,将城市水资源可持续利用系统划分为地表水供水系统、地下水供水系统、再生水供水系统、海水淡化供水系统这四个可供水子系统,以及农业需水系统、工业需水系统、生活需水系统、城市生态环境需水系统这四个需水子系统。其中,地表水可供水量又进一步分为城市蓄水量、城市引水量、城市提水量三种类型。各子系统之间相互作用,相互联系。遵循科学性、整体性和可行性原则,本研究选取了位于流程图起始点,起到关键作用的 13 个变量(工业产值增加率、万元工业产值用水量、城市化率、人口增长率、绿地道路用水定额、城市生活用水定额、农村生活用水定额、农业灌溉用水定额、污水处理率、污水再生回用率、淡化水产能、引调水供水量、蓄水供水量)作为决策变量。

结合自然延续型方案、经济发展型方案及节水型方案三种方案,本研究提出了"实施各种节水措施的同时,加大对污水处理、污水再生回用的投入力度,努力提高污水利用率,同时不限制经济的增长速度,提高城镇化率"的综合型方案。通过模拟分析可以看出,到 2030 年,青岛市的总需水量为 13.50×10^8 m³,总供水量为 13.93×10^8 m³,供需差额为 0.42×10^8 m³,水资源供需基本保持平衡,青岛市对水资源的开发利用将做到比较合理。因此,本研究认为该方案可取,可作为青岛市水资源可持续利用方案。

水资源优化利用问题是一个复杂的多目标优化问题,本研究采用多目标优化问题法进行了水资源优化配置。在多目标优化问题法的应用中,本研究选择了经济效益、社会效益、环境效益三者的综合效益最大化作为优化模型的目标，具体分别以区域供水净效益最大、区域总缺水量最小、区域重要污染物化学需氧量排放量最小来表示。最终，结合青岛市水资源开发利用的实际情况，本研究提出了青岛市水资源利用次序（客水＞地表水＞雨水＞再生水＞海水淡化水＞地下水）及七条适用于当前青岛市水资源可持续利用的方法。

第五章　虚拟水战略规划分析

第一节　虚拟水的发展历程

所谓"虚拟水",是指在生产产品和提供服务的过程中所需要的水资源数量,即凝结在产品和服务中的虚拟水量。如图 5-1 所示,不同的肉类和粮食作物等产品中,所含的虚拟水含量有高有低。

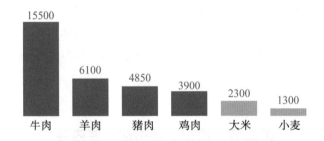

图 5-1　主要肉类和粮食作物的世界平均虚拟水含量(单位:m³/t)

虚拟水思想源于菲舍尔松(Fishelson)评价以色列农业时提出的"物化水"概念。虚拟水概念从"嵌入水"和"外生水"的角度,利用工农业产品中包含的虚拟水来进行水资源的有效配置,按照经济学的比较优势理论,间接地在全球不同国家之间、国内不同区域之间调配水资源。一般在国际或地区间的贸易中才会用到"虚拟水"的概念。

"虚拟水"概念的提出,源于水资源的短缺和节水问题。"虚拟水"的概念是约翰·安东尼·艾伦(John Anthony Allen)教授于 1993 年首次提出的,之后,艾伦教授相继界定了"虚拟水"和"虚拟水贸易"的含义。1993～2001年,国外学者初步开展了对虚拟水理论的应用研究,相应的实证研究主要集中在中东和北非地区——虚拟水研究最初就是为解决中东地区的缺水问题而提出的。2002年,以虚拟水为主题的第一次国际会议在荷兰召开,此后,虚拟水理论获得了广泛关注并快速发展,以虚拟水为主题的国际会议频繁召开,虚拟水量化计算、虚拟水贸易等研究不断深入,作为虚拟水理论拓展和深化的水足迹理论也成为研究热点之一。其中,国内外具有代表性的部分事件列举如下:

2003年3月,在东京举行的第三次世界水论坛上,对虚拟水问题进行了专门讨论。2006年7月,国际社会生态学研究所(ISOE)建立了虚拟水贸易工作站。2008年3月19日,瑞典斯德哥尔摩国际水资源研究所宣布,提出"虚拟水"概念的艾伦教授获得2008年斯德哥尔摩水奖。2012年10月,《中国主要木质林产品虚拟水测算和虚拟水贸易研究》一书在北京出版首发,该书首次提出了森林虚拟水的概念和森林虚拟水的测度理论,森林虚拟水主要是指森林在生长过程中因蒸发作用消耗的水资源量,由土壤蒸发耗水量、林冠蒸发耗水量、林木蒸腾耗水量组成。2017年联合国粮农组织预测,到2025年,18亿人将经历绝对的水资源缺乏,届时虚拟水战略的重要性将会更加凸显。2003年至今,中国科学院寒区旱区环境与工程研究所(简称"中科院寒旱所")的徐中民研究员等对我国西北地区的虚拟水战略影响进行了评价研究。2019年,中国工程院杨志峰院士团队基于多区域投入—产出分析方法,建立了全球多尺度嵌套模型及相应的环境卫星矩阵数据库,测算了中国与"一带一路"沿线相关国家开展商品和服务贸易的虚拟水量。

第二节　虚拟水理论的主要内容

虚拟水理论主要的研究内容可以分为虚拟水量化方法、虚拟水贸易与水资源流动趋势分析、虚拟水贸易与水资源配置效率、水足迹理论研究四大类。

一、产品虚拟水量化方法

在虚拟水量化方面,联合国粮农组织提供了指导建议。在不同场合下,对虚拟水的量化或测算需要应用不同的原则,遵照这些原则,国际水利环境工程学院、联合国粮农组织等机构对全球的虚拟水贸易量展开了具有代表性的研究。现有的商品虚拟水含量的测算结果已经涵盖了多种商品,主要涉及各种粮食、牲畜、禽类等初级产品的虚拟水含量。

2002年,霍克斯特拉等研究了农作物国际贸易虚拟水流量化计算问题,明确了以产品虚拟水含量与相应贸易量相乘并求和可以得到所有产品的虚拟水贸易总量,其中产品虚拟水含量以产品生产地的用水量计算;计算每种农作物的需水量时,用农作物的相关系数修正参考农作物的蒸/散发量。[①] 2003年,恰佩金等采用"生产树"的方法,研究计算了牲畜及其产品的国际贸易虚拟水量,在研究中,他们对牲畜产品进行了分类,用生产地饲料用水、饮用水、服务用水之和计算动物的虚拟水含量,用生产系数、价值系数修正计算动物产品的虚拟水含量。[②] 2004年,查帕盖恩和霍克斯特拉对荷兰的茶和咖啡的水足迹进行了对比计算,该研究是对虚拟水理论的深化研究。该研究指出,选择喝咖啡产生的水足迹是选择喝茶的4倍之多。[③] 2011年,韩宇平等分析了农产品虚拟水含量计算中存在的问题,对作物耗水特性及虚拟水生产总量的构成进行了探讨。[④] 2020年,卓拉等以黄河流域的主要作物为研究对象,以作物生产水足迹和虚拟水流动为表征参数,量化了2000~2014年间主要作物实体水—虚拟水耦合流动的关键过程及其时空演变。[⑤]

二、虚拟水贸易与水资源流动趋势研究

虚拟水贸易是指贫水国家或地区通过进口富水国家或地区的水密集型产品,利用商品贸易所携带的"虚拟水",以缓解本国或本地区的水资源压力,实现当地的水资源及食品安全。

2005年,霍克斯特拉等估算认为,1995~1999年全球农产品虚拟水贸易量约为 6.95×10^{11} m³/a,约占全球作物年耗水量的13%,这表明13%的水量以虚

① 参见 HOEKSTRA A Y. Perspective on water: an integrated model-based exploration of the future[M]. Utrecht: International Books, 1998.
② 参见 CHAPAGAIN A K, HOEKSTRA A Y. Water footprints of nations[C]. Value of Water Research Report Series No.16. Delft, Netherlands, 2004: 1-80.
③ 参见 CHAPAGAIN A K, HOEKSTRA A Y. Water footprints of nations[C]. Value of Water Research Report Series No.16. Delft, Netherlands, 2004: 1-80.
④ 参见韩宇平,雷宏军,潘红卫,等.农产品虚拟水含量计算方法研究[J].安徽农业科学,2011,39(8):4423-4426.
⑤ 参见卓拉,栗萌,吴普特,等.黄河流域作物生产与消费实体水——虚拟水耦合流动时空演变与驱动力分析[J].水利学报,2020,51(9):1059-1069.

拟水的形式用于出口,而没有用于国内消费。[①] 1995~1999 年,中国从国际市场净进口虚拟水 $1.70×10^{10}$ m³/a,相当于 5 年间节约了 $8.50×10^{10}$ m³ 的水资源。2020 年,韩文钰等分析了 2005~2014 年我国与美国的行业间虚拟水转移量和两国间的虚拟水贸易情况,认为在中美两国的贸易中,我国净出口到美国的虚拟水量先减少后增加,美国净出口到我国的虚拟水量一直在增加,但中国始终为虚拟水净出口状态;我国主要通过制造业商品向美国出口虚拟水,美国则主要通过农产品向我国出口虚拟水。[②]

分析以上案例可以得出,通过产品贸易引发的不同区域间的虚拟水流动,不仅可以避免实现长距离调水过程中产生的高额费用,而且可以在保证生态环境协调可持续发展的前提下,实现水资源在更大尺度上的再分配。

三、虚拟水贸易与水资源配置效率研究

虚拟水贸易是水资源配置效率提高的体现,水资源配置效率的量化研究是基于虚拟水贸易产生的水资源节约量而进行的。

中东地区是世界上第一个面临水赤字的地区。1997 年,艾伦认为,除自然因素外,中东、北非地区的水资源短缺更取决于国际体系、政府和农业寻求替代品、采取响应措施的能力。通过全球贸易大量进口粮食为中东地区日益加剧的水赤字提供了解决措施。[③] 2003 年,大观冲(Taikan Oki)核算认为,日本 2000 年的总虚拟水进口量约为 $6.4×10^{10}$ m³,其中 88% 来源于世界上主要的虚拟水出口国美国、加拿大和澳大利亚,高于日本当年的灌溉引水量 $5.9×10^{10}$ m³;而且,日本绝大多数进口的虚拟水主要是为了满足畜产品消费需求。2004 年,丹尼斯·威切恩斯(Dennis Wichelns)把虚拟水纳入粮食安全、经济增长、提高人民福利等一系列国家宏观目标下进行研究,认为"虚拟水"是以水资源为关键生产要素的比较优势理论的具体应用,从而扩大了虚拟水的研究领域。同年,丹尼斯·威切恩斯以埃及为例进行了实证研究。2012 年,夏骋翔等指出,虚拟水贸易是水资源配置效率提高的体现。2019 年,田贵良等通过分析

① 参见 HOEKSTRA A Y,HUNG P Q.Globalization of water resources:International virtual water flows in relation to crop trade[J].Global Environmental Change,2005,15(1):45-56.

② 参见韩文钰,张艳军,张利平,等.基于投入产出分析的中美两国虚拟水贸易研究[J].中国农村水利水电,2020,(12):27-34+39.

③ 参见 ALLAN J A.Virtual water:A long term solution for water short middle eastern economies? [R].British:University of Leeds,1997.

长江经济带虚拟水流动格局、区域社会经济发展进程中水资源利用的深层次规律等方面,提出应在全国范围内对水资源利用进行统筹规划,建立多区域协调发展机制,转变区域间的贸易结构。

四、虚拟水与水足迹研究

2002 年,霍克斯特拉提出了"水足迹"的概念。2004 年,查帕盖恩和霍克斯特拉对国家水足迹、水资源的使用以及国家水资源的进出口量等的计算方法进行了研究,并探讨了水自足度、水匮乏度和水进口依赖度等指标的计算方法。[①]查帕盖恩和霍克斯特拉等对全球水足迹的研究结果表明,人均水足迹远高于全球平均值的国家有美国、俄罗斯、加拿大、西班牙、意大利、希腊、泰国等;尽管中国、印度的水足迹总量较大,但人均水足迹很小,不到全球平均值的 80%。

2009 年,张蕾指出"虚拟水"和"水足迹"概念的出现给水资源管理者提供了新的思路,超越了实体水在成本、技术问题上的局限,在水资源可持续发展的战略研究中具有重大影响。但是,作为水资源管理者,必须对虚拟水有客观的评价和清醒的认识,即只有实体水调度与虚拟水流动适度耦合,才是解决我国粮食安全与水安全问题最有效的手段。[②]

2019 年,周亚楠等以西藏城乡居民为研究对象,通过研究发现,在 2001～2009 年间,西藏地区的农村虚拟水足迹以农作物虚拟水消耗为主,而城镇虚拟水足迹以畜产品虚拟水消耗为主。同时,通过水足迹盈亏分析,他们发现西藏城乡居民的虚拟水足迹呈现盈余,即虚拟水出口状态。[③]

通过总结可以发现,影响水足迹的因素包括消费结构、消费水平、气候特征、地理环境、生产技术等。

第三节　我国虚拟水研究现状

在国际上,目前对虚拟水的研究进入了快速发展阶段,而在我国国内开展

---

① 参见 CHAPAGAIN A K, HOEKSTRA A Y. Water footprints of nations[C]. Value of Water Research Report Series No.16. Delft, Netherlands, 2004: 1-80.

② 参见张蕾.中国虚拟水和水足迹区域差异研究[D].大连:辽宁师范大学硕士学位论文,2009.

③ 参见周亚楠,郝凯越,李远威,等.基于虚拟水消费的西藏城乡居民水足迹计算[J].高原农业,2019,3(5):551-558+577.

的相关研究还比较少,处于初步研究阶段。2003 年,中国科学院院士、中科院兰州分院院长程国栋首次向国内引入了"虚拟水"的概念。2004 年 9 月,程国栋院士等在对中国西北地区水资源形势的发展趋势进行分析后认为,中国应大力发展虚拟水交易,来化解我国(特别是西北地区)水资源紧缺的状况,建立基于虚拟水战略的区域经济发展战略和政策保障体系。

随着虚拟水概念的引进,虚拟水研究得到了我国学术界的广泛关注和高度重视。国内一些学者结合我国实际情况,对虚拟水理论和实践应用做了大量研究工作,这些研究工作可概括分为四类:一是对虚拟水理论引进的初步研究;二是对虚拟水理论与我国战略、产业相结合的探索研究;三是对虚拟水理论与水资源可持续利用相结合的探索研究;四是对我国部分地区作出的实证研究,如北京林业大学的田明华教授等在 2012 年对我国主要木质林产品虚拟水测算和虚拟水贸易的研究,中国科学院寒区旱区环境与工程研究所徐中民研究员等在 2018 年对我国西北地区虚拟水战略影响的评价研究。

综上所述,虚拟水概念的提出,拓展了国家的水资源范围,从而为国家及区域水资源安全研究注入了新的活力。国外对虚拟水的研究主要集中在粮食安全问题上,通过虚拟水贸易将世界粮食和本国的水资源安全结合起来,并取得了巨大的成就。国际虚拟水资源贸易对全球水资源的有效配置起着重要的作用,虚拟水的现实流动问题以及虚拟水对节约水资源的作用,拓展了水资源的可获得性,已经成为水资源管理及水安全战略的新内容。

第四节　青岛市实施虚拟水战略的可行性

笔者认为,青岛市实施虚拟水战略的可行性有以下几方面:

(1)水资源短缺是局部性的。青岛市作为中国的一个沿海城市,是一个区域。按照水资源短缺的指标体系测度可知,青岛市是一个极度缺水的地区,但是中国的其他地区并非处于同样的水资源短缺状态,可能其他地区的水资源是较为丰富的,这就为虚拟水战略的实施提供了前提和实际可操作的空间。

(2)青岛市经济竞争力强,有资金优势。青岛市有强劲的经济发展动力,这可以作为该市农业产业结构调整的基石和后盾,从而为青岛市农业产业结构的优化提供了广阔的发展空间和潜在的市场容量。

(3)青岛市有广阔的发展前景,能够吸纳大量的劳动力资源。青岛市是沿海发达城市,有极大的发展空间,可以吸引大量的劳动力资源。青岛市应该充分挖掘这种潜力,发挥潜在优势,鼓励、支持耗水少的劳动密集型产业发展和产品出口,能够有条件地实现资源间的替代。

(4)青岛市有区位优势。站在宏观和国际视角分析,青岛市所在的山东半岛伸入渤海与黄海之间,面向海洋,靠近日、韩两个经济发达国家,有利于开展对外经济合作,发展外向型经济。站在国内视角分析,山东半岛处在京津经济区、长三角经济区和辽中南经济区的中间地带,因此青岛市的地理优势显著。

(5)交通网络发达。青岛市具有完善的、覆盖全市的高速公路网体系,青岛市已建成由铁路、公路、水路、民航等运输方式组成的运输网络。在胶州湾跨海大桥建成后,青岛市范围内形成了"一小时高速路"覆盖体系。

(6)青岛市政府配套政策的调整节奏相对较快,灵活多变,能较快地适应虚拟水战略发展的节奏调整。

第五节　农业方面的青岛市虚拟水结构优化对策

笔者认为,在农业方面,青岛市可采取的虚拟水结构优化对策有如下方面:

(1)采用市场经济手段,改变青岛市城乡居民的饮食消费模式,在青岛市的农产品市场上加大对低耗水产品的宣传,利用价格调节这双"无形的手"改变青岛市城乡居民的饮食消费模式。

(2)种植在青岛市具有比较优势的农产品,饲养在青岛市具有比较优势的家畜。要发挥青岛市农产品的比较优势,避开高耗水农产品的种植劣势,优化种植业产业结构,加强区域间的虚拟水贸易。例如,青岛市在生产花生和大豆等低耗水农产品方面具有明显的比较优势和区位优势。另外,应当找出青岛市处于种植劣势的农产品种类,让其他区域进行生产,做到优势互补,提高青岛市水资源的利用效率和配置效率,优化青岛市的农业产业结构。

(3)政府对农业产业的调整要发挥指导作用。政府应当鼓励将农业产业结构调整为低耗水化结构,增加对低耗水农产品的生产补贴,制定农业节水补贴的相关制度,从节水而增加的 GDP 产值中,按照一定比例分配给农民相应的资金补贴。

(4)产业结构的调整。逐步减少棉花的种植面积,节余的实体水可用于工业的发展,因为工业产品用水量少且每吨水增加的效益很高。重点应发展大型石化产业、电子信息产业、软件业、先进装备制造业、船舶制造业、航运业等产业。

(5)加大对农业的基础建设。政府应加大对农业的基础建设(如水利建设),推广节水技术;在保证农作物丰收的同时,尽量减少在灌溉过程中的水的损失,提高水的有效利用率,降低单位重量农作物的虚拟水含量。

第六节　虚拟水战略的负面影响和根本对策

虚拟水战略也存在负面影响,如可能会导致出现忽视局部水平衡的状况。对出口虚拟水的地区,会因为这一贸易对其自身环境产生影响;对进口虚拟水的地区,如果不能提供其他一些可选择的作物给农民种植,或者提供其他的就业方式,虚拟水战略就会影响这些农民和他们家庭的生计。也就是说,因为虚拟水战略涉及多种因素,因此仅仅从水资源的角度来探讨是难以真正实现最终目标的。

虽然虚拟水战略可以在一定程度上缓解一些地区的水资源短缺,保障粮食安全问题,但更重要的是要从源头上改变这种水资源不足的现状,主要对策有改变饮食结构,调整产业结构,提高水资源供给量,对水资源的空间分布进行合理调度。只有这样,才能有效保证水资源与人口、耕地的地域组合保持均衡,促进各地区经济和社会的共同、协调、均衡发展。

第七节　本章小结

虚拟水是指在生产产品和提供服务的过程中所需要的水资源数量,即凝结在产品和服务中的虚拟水量。基于青岛市为滨海缺水城市的现状,笔者在本章引入了虚拟水战略分析的相关内容,并进行了简要分析。

本章首先简述了虚拟水的发展历程、虚拟水理论的主要内容、我国虚拟水研究的现状、实施虚拟水战略的相关政策等;然后针对青岛市分析了实施虚拟水战略的可行性,并从农业视角出发,分析了实施虚拟水战略时青岛市需要进行的产业结构优化;最后从虚拟水这一视角分析了实施虚拟水战略存在的不足及解决水资源短缺问题的应对策略。

第六章　结论与展望

第一节　研究结论

通过总结,本研究最终得到的主要结论如下:

首先,参考已有的研究文献与青岛市实际情况,运用 SD 模型,建立了青岛市水资源承载力系统流模型(SD 模型)。在 SD 模型中,按照水资源供需及开发利用类型,将城市水资源可持续利用系统分为地表水供水系统、地下水供水系统、再生水供水系统、海水淡化供水系统四个供水子系统,以及农业需水系统、工业需水系统、生活需水系统、城市生态环境需水系统四个需水子系统,其中地表水可供水量又进一步分为城市蓄水量、城市引水量、城市提水量三种类型。

其次,根据青岛市实际的水资源开发利用现状,选定了工业产值增加率、万元工业产值用水量、城市化率、人口增长率、绿地道路用水定额、城市生活用水定额、农村生活用水定额、农业灌溉用水定额、污水处理率、污水再生回用率、淡化水产能、引调水供水量、蓄水供水量共 13 个变量,作为 SD 模型的关键控制变量,并提出了适于青岛市水资源可持续利用的综合发展型方案。在综合发展型方案中,在实施各种节水措施的同时,将加大对污水处理、污水再生回用的投入力度,努力提高污水利用率,同时不限制经济的增长速度,提高城镇化率。根据以上原则,到 2030 年,青岛市的污水处理率将达到 100%,污水再生回用率将提高到 50%,城市化水平达到 95%,工业产值增长率维持在 15%,农田灌溉用水定额降为 450 m^3/hm^2,农村人均生活用水定额降为 40 L/(人•天),城市人均生活用水定额逐渐减少为 70 L/(人•天)。该方案的最终结果是,到 2030 年,青岛市的总需水量为 $13.50 \times 10^8 \ m^3$,总供水量为 $13.93 \times 10^8 \ m^3$,供需差额为 $0.42 \times 10^8 \ m^3$,水资源供需基本保持平衡,水资源得到比较合理的开发利用。

最后,结合实际情况和多目标问题优化法,笔者提出的青岛市水资源利用配置概化方案如下:

(1)根据当前青岛市水资源供需现状和条件,建议各种水资源的供水次序为:客水>地表水>雨水>再生水>海水淡化水>地下水。

(2)优先利用南水北调水、引黄水等客水资源;在优先利用南水北调水资源的同时,兼顾高效利用本市所辖流域的地表水资源;客水、地表水和地下水资源优先保障生活用水,然后用于保障工业用水和农业用水。此外,需要从整体水平上提高城市的水资源储备量。

(3)在利用地下水资源的过程中,要加强对地下水资源的涵养,合理控制开采浅层地下水资源,严格控制开采深层地下水资源。

(4)雨水资源主要用于城市生态环境用水,改善生态环境,例如用于城市清洁、城市绿化用水、水体景观等;此外,雨水资源还可用于地下水回灌,提高地下水位,阻止或延缓地表沉降。同时,为涵养城市水源,缓解城市水资源短缺的压力,有效控制城市降雨径流,建议通过完善和优化"海绵城市"规划建设等方式,提高对城市雨水资源的利用率。

(5)再生水资源基数较小且水质相对较差,用途受限,建议将再生水资源用于生态环境用水、市政用水、工业冷却用水等方面。随着再生水水质标准的提高,再生水资源今后可用于农业灌溉。

(6)从区域水资源利用的可持续与长久性角度考虑,建议青岛市的淡化水以工业利用为主,以城市调配用水和战略储备为辅,将海水淡化打造成城市供水的重要补充和战略储备水源。同时,将脱硼、矿化、符合人体健康标准、达到生活饮用水卫生标准的淡化水设置一定的混掺比,然后纳入青岛市市政供水管网,作为今后城市公共供水的一个重要组成部分。

(7)从规划管理学的角度分析了城市水资源可持续利用的情况,认为标准化、精细化、差异化的供水管理是必然趋势。其中,差异化供水的表现形式主要体现为分质供水。

第二节　应用前景

本研究的应用前景有以下方面:

（1）可用于指导青岛市相关部门开展水资源可持续利用工程的规划设计。

（2）为解决青岛市水资源可持续利用中的各种问题提供理论与实践参考。青岛市水资源短缺严重，通过本项目的研究，对青岛市水资源可持续利用状况作出了评估，给出了影响当地水资源可持续利用的主要因子，从而为制定政策提供了依据。

（3）通过构建城市水资源可持续利用体系，构建了青岛市水资源高效利用体系，确定了各种水资源的优先级，制定了青岛市虚拟水战略规划，为水资源的可持续利用提供了方法，为接下来应该采取哪些措施使水资源利用的可持续发展呈现良好态势提供了指导，为其他缺水城市制定水资源可持续利用体系提供了借鉴。

第三节　未来展望

针对自己的研究，笔者对其展望如下：

（1）本研究采用的是 SD 模型，研究目标是整个青岛市，在未来可进一步研究基于流域单元的 SD 模型应用。

（2）本研究对其他滨海缺水城市作出水资源可持续利用的相关决策具有重要的指导作用与借鉴意义。

（3）本研究给出的水资源配置方案仅定性分析了用水优先级，可进一步研究多目标问题优化法在水资源可持续利用中的定量应用分析。例如，可研究各种水资源或各地区的量化水资源配置方案；可把经济效益、社会效益与环境效益等条件具体应用到多目标优化方法中。

（4）为了解决城市缺水问题并实现可持续发展目标，还应该促进节约用水，减少用水量；通过实行相关政策和区域规划，控制水资源短缺区域中的人口增长和城市化；通过提高能源利用效率和减排措施，减缓气候变化，避免降水变化和温度升高导致的蒸散增加对水资源造成的影响；在局地尺度进行水资源短缺缓解措施的综合可持续性评估。

下篇 "海绵城市"的规划建设探索

XIAPIAN
"HAIMIANCHENGSHI"
DEGUIHUAJIANSHE
TANSUO

第七章 "海绵城市"规划建设

第一节 "海绵城市"规划建设的背景

城市是人口聚集度高、社会经济高度发达的地方,也是资源环境承载力矛盾最为突出的地方。自20世纪90年代以来,我国的城市化经历了前所未有的高速发展。如此高的城市化建设,一方面导致建筑小区用地、工业用地、农业生产用地及城市基础设施用地等挤压了河道水系周边的空间,破坏了城市原有的自然生态水系,切断了城市原有的水循环体系,导致河流水系资源向土地资源单向变化,河流水系生态系统的健康受到了严重影响。另一方面,随着城市化进程的推进,人类在改造自然的过程中彻底改变了地表物质的组成与结构,城市街道、广场等建筑大量采用岩石、水泥、沥青等不透水材料,导致城市的不透水地面迅速、大规模地蔓延与增加。城市不透水面积的大量增加引发了一系列城市环境问题,影响比较突出的有城市内涝严重,雨洪管理成为影响城市发展的安全隐患;大部分城市缺水,部分城市甚至严重缺水,水资源供应严重不足。上述问题引发了水生态恶化、水资源紧缺、水环境污染、水安全缺乏保障等一系列问题。总之,我国许多城市的水生态存在"逢雨必涝,雨后即旱"两个极端。因此,要保持城市的健康持续发展,就必须修复城市水生态。

为了修复城市水生态,解决城市雨洪灾害与水资源短缺问题,借鉴美国的"低影响开发"(LID)、英国的"可持续城市排水系统"(SUDS)、澳大利亚的"水敏感城市设计"(WSUD)、新加坡的"活力、美观、清洁的水计划"(active, beautiful, clean water program,简称"ABC计划")、日本的"雨水贮留渗透计

划"等相关研究,我国提出了"海绵城市"建设理念。"海绵城市"建设遵循生态
优先等原则,将自然途径与人工措施相结合,在确保城市排水防洪安全的前提
下,最大限度地实现雨水在城市区域的积存、渗透和净化,促进对雨水资源的利
用和生态环境的保护,尽力实现场地开发建设前后水文特征不变的目标。

2015 年 2 月 1 日,财政部、住房城乡建设部和水利部三部委联合印发了《关
于组织申报 2015 年"海绵城市"建设试点城市的通知》,对"海绵城市"建设试点
选择流程、评价内容、实施方案编制等提出了具体要求。2015 年 10 月 11 日,国
务院办公厅发布了《关于推进"海绵城市"建设的指导意见》(国办发〔2015〕
75 号),对"海绵城市"建设的总体要求、规划编制与实施、政策保障等内容提出
了指导意见。2016 年 2 月 29 日,财政部、住房城乡建设部和水利部三部委联合
印发了《关于组织申报 2016 年"海绵城市"建设试点城市的通知》,表明了"海绵
城市"建设的长期性、可行性,也日趋具有规范性和可推广示范性。2021 年 4
月,为系统化全域推进"海绵城市"建设,在组织领导、工作机制、政策措施等方
面形成具有示范意义的经验,以点带面,带动一定区域内其他城市稳步推进"海
绵城市"建设,财政部、住房城乡建设部、水利部三部委联合下发了《关于开展系
统化全域推进"海绵城市"建设示范工作的通知》。

2015 年 4 月,青岛市申报了国家第二批"海绵城市"建设试点城市,并且成
功入选第二批全国"海绵城市"建设试点城市。同期,西海岸新区入选首批国家
级生态保护与建设示范区。根据国家发改委等十一部委联合下发的《关于印发
生态保护与建设示范区名单的通知》,国家将持续加大对生态保护与建设示范
区的支持力度,在同等条件下,优先在示范区安排有关专项资金和实施相关政
策,推动各项示范区建设任务落实。

青岛市西海岸新区获批后,为落实国家战略,提出了"一核双港,九区联动,
轴带贯通,族群发展"的整体发展框架。作为未来的区域中心,新区核心区肩负
着辐射带动全域发展的历史使命。随着新区核心区功能定位的调整,新区核心
区迎来了新的发展契机。面对城市发展过程中不可避免的生态环境恶化、洪涝
灾害和水资源短缺等问题,青岛市响应国家提出的建设"海绵城市"的战略要
求,在西海岸新区核心区率先建设"海绵城市"示范区具有重要的现实意义。

第二节 研究"海绵城市"建设的目的

目前,我国对"海绵城市"规划建设的理论与应用还在不断探索之中,缺少完善的建设思路与科学的技术体系指导实践。通过对"海绵城市"规划进行研究探索,摸清"海绵城市"内在的本质与规律,总结推进"海绵城市"规划建设的相关策略,科学编制"海绵城市"规划建设方案,对指导"海绵城市"建设具有重要的示范借鉴意义和现实意义。

城市规划是一座城市发展的"龙头",只有做到科学规划,才能指导"海绵城市"的建设与发展。建设"海绵城市",其实质就是对城市雨水资源的科学利用。对这一点,我国从研究到探索再到实践花费了很多年,但真正能够实现城市雨水资源利用的城市寥寥无几。笔者认为,造成这一问题的根源之一就是缺少强有力的规划指导。因此,我们必须直面问题,积极进行探索,科学制定指导"海绵城市"建设的城市规划。

目前,我国城市的地下水位正在不断下降,同时,暴雨问题一直困扰着中国绝大多数城市的发展,土地无法涵养水源,城市生活总被暴雨和洪水等问题影响。在这一大环境背景下,探索实现"海绵城市"的规划对策,科学建设"海绵城市",可有效缓解城市水资源短缺问题和"热岛效应",大大减少建设排水管道和钢筋混凝土水池的工程量,大幅减少水环境污染治理费用,降低城市内涝造成的巨额损失;扩大公共产品有效投资,提高城镇化水平,促进人与自然和谐发展。

青岛市西海岸新区核心区作为受海洋季风气候影响、以平原地形为主的滨海生态产业新区,目前雨水利用尚未被纳入城市规划的正式体系,雨/洪水的调蓄与综合利用滞后于城市发展。本研究以西海岸新区为研究对象,总结借鉴了国内外先进的理念,针对新区核心区的发展规划,将雨水综合利用与生态基础设施进行整合,将工程技术与景观设计进行结合,研究设计了由绿地、景观湿地和水系等自然要素构成的城市"绿色海绵",探索了对"海绵城市"的升级版规划。本研究的最终目的是通过"海绵城市"建设与改造,达到降低城市雨洪灾害风险、涵养雨水资源、恢复区域生态环境的目的与效果;通过积极探索该类型区域"海绵城市"建设的路径与方法,总结经验与教训,对解决北方滨海城市在雨洪灾害防控、雨水资源利用、水生态文明建设等方面发挥较好的示范与借鉴意义。

第三节　研究的技术路线

本研究的技术路线主要分为研究区现状调查与分析、集水区划分、土地利用类型提取、计算调蓄容积、低影响开发技术的选择、确定建设时序六大步,详细的技术路线如图 7-1 所示。

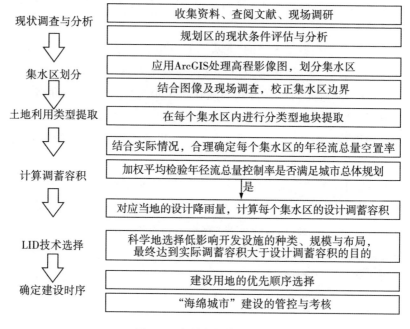

现状调查与分析
- 收集资料、查阅文献、现场调研
- 规划区的现状条件评估与分析

集水区划分
- 应用ArcGIS处理高程影像图,划分集水区
- 结合图像及现场调查,校正集水区边界

土地利用类型提取
- 在每个集水区内进行分类型地块提取

计算调蓄容积
- 结合实际情况,合理确定每个集水区的年径流总量空置率
- 加权平均检验年径流总量控制率是否满足城市总体规划　是
- 对应当地的设计降雨量,计算每个集水区的设计调蓄容积

LID技术选择
- 科学地选择低影响开发设施的种类、规模与布局,最终达到实际调蓄容积大于设计调蓄容积的目的

确定建设时序
- 建设用地的优先顺序选择
- "海绵城市"建设的管控与考核

图 7-1　本研究的技术路线

第四节　本章小结

在我国城市水生态面临着"逢雨必涝,雨后即旱"两个极端的背景下,借鉴美国的"低影响开发"、英国的"可持续城市排水系统"等相关研究,我国提出了"海绵城市"建设理念。在本章中,笔者首先对"海绵城市"的背景与意义进行了介绍,然后给出了本研究的核心技术路线,即研究区现状调查与分析、集水区划分、土地利用类型提取、计算调蓄容积、LID 技术的选择、确定建设时序六步技术路径。

第八章 "海绵城市"雨水资源化利用相关研究

第一节 国内外城市雨水资源化利用研究进展

一、国外城市雨水资源化利用研究进展

为了解决城市地表径流污染、水资源短缺、洪涝灾害和生态环境破坏等问题,发达国家很早就开始了对雨水的资源化利用与管理体系的研究。20世纪90年代初,美国已全面将"最佳管理实践"(best management practices,BMP)应用于城市雨水径流管理,在 BMP 的基础上,美国的暴雨管理专家又开始研究基于源头径流控制与污染负荷控制的多点微观暴雨控制策略(即"低影响开发",LID 模式),LID 模式在一些发达国家的雨水资源化利用与管理体系中已经取得了较大的成效。英国的 SUDS 和澳大利亚的 WSUD 在其对雨水的资源化利用与管理实践中也起到了较好的成效,已被逐渐应用于其他国家的城市雨水资源化利用与管理体系。新加坡的 ABC 计划为建设活力、美观、清洁的亲水城市提供了重要的参考意义。上述国家在其各自的雨水资源化利用与管理体系的指导下,已经建成了较多运行良好的雨洪工程,如美国波特兰市进行的绿色街道改造,形成了一个集雨水收集、滞留、净化、渗透等功能于一体的生态处理系统;英国的贝丁顿生态村收集屋面雨水,利用其冲厕和灌溉植物,减少了对自来水的应用;澳大利亚的圣伊丽莎白教堂通过收集雨水并加以利用,解决了地面积水和植物难以灌溉等问题。

二、国内城市雨水资源化利用研究进展

我国传统的雨水系统以"快排"为主要建设原则。近年来,对城市雨水资源化利用的研究逐渐成为热点。为了进一步加强对雨水资源的利用与管理,2014年2月11日发布的《住房和城乡建设部城市建设司2014年工作要点》中提出,要大力推行LID建设模式,加快研究建设"海绵城市"的政策措施;同年10月,住房和城乡建设部发布了《"海绵城市"建设技术指南——低影响开发雨水系统构建(试行)》。2015年4月,济南、武汉、厦门、鹤壁等16座城市入选2015年"海绵城市"建设试点范围,以探索"海绵城市"建设路径。2016年4月,北京、上海、天津、福州等14座城市入选第二批"海绵城市"建设试点城市。截至2016年4月,全国已有30座城市开展了"海绵城市"国家试点建设。2021年,《中共中央关于制定国民经济和社会发展第十四个五年规划和2035年远景目标建议》中指出,要增强城市的防洪排涝能力,建设"海绵城市"与"韧性城市"。

第二节 "海绵城市"将雨水资源化利用的基本方式与途径

城市的雨水资源可就地利用,可对其宏观调节使用,也可依据当地的地理位置、地形地貌及市政设施的建设情况,采取不同的使用方式。总的来说,城市雨水资源化利用的方式可以分为雨水集蓄、屋顶集雨、雨水渗透和雨水回灌。

一、雨水集蓄

雨水集蓄可分为地面蓄水和地下蓄水两种。此外,当地面土地资源紧缺时,可考虑利用地下蓄水池。地下蓄水池的种类多样、形状各异,可以根据需要,结合雨水下渗情况而设计。在设计时,应全面考虑各种因素,根据各个地区的规划,遵循因地制宜、合理布局的准则来选择雨水集蓄设施。蓄水池储存量通常取决于集雨面积的大小,可以参考下式进行计算:

$$雨水储存容量 = 集雨面积(单位为 m^2) \times C \tag{8-1}$$

式中,C 是一个表示不同地区降雨特点的值,单位为米(m)。

当在一个流域或地区内设置雨水集蓄设施时,首先要调查该流域或者地区内有哪些可用作流域集蓄设施的公共设施,并调查每个设施中可能被用作流域集蓄设施的面积,同时确定各种流域集蓄设施的界限水深。集蓄设施的界限水深根据该设施的本来用途决定。

二、屋顶集雨

近年来,随着经济的发展和人们认识水平的提高,屋顶绿化也越来越为国家和各级地方政府所重视。随着国外一些拥有丰富经验和深厚功底的屋顶绿化企业进入中国,他们也将先进的绿化理念带入了中国。经过多年规模化的屋顶绿化发展和建设,目前关于屋顶绿化的建造技术和相关产品已经趋于成熟。但与此同时,各地实施的屋顶绿化工程也相继暴露出了一些技术选择上的不足和建设上的缺憾。了解屋顶绿化的关键技术及相关注意事项,对搞好屋顶绿化,发挥其最大的环境效益和生态效益具有重要的意义。开展屋顶绿化时,应根据各个地区的气候条件选择适宜的植被和土壤类型,在屋顶铺设一定厚度的土壤层,种植植被和花卉。这种系统可利用雨水浇灌植被,同时减少雨水的流失量。

综合来看,屋顶绿化主要分为花园式屋顶绿化和简单式屋顶绿化两种。其中,花园式屋顶绿化以提高人们在屋顶活动的参与性和舒适度为原则,是以植物造景为主,利用小乔木、低矮灌木和地被植物进行屋顶绿化植物配置;根据屋顶的具体条件,设置诸如园路、座椅和园林小品等,提供一定的游览和休憩设施,允许一定数量的人员开展活动。

三、雨水渗透

雨水渗透设施有绿地、渗透地面(如多孔沥青地面、多孔混凝土地面、嵌草砖地面等),以及地下渗透池、管、沟、渠等。

(一)绿地

绿地是最好的渗透设施,其不仅渗透能力强,而且植物根系还能对雨水径流中的悬浮物、杂质等起到一定的净化作用。增加绿地面积,通过草坪的蓄水入渗试验,选择耐淹观赏草种,适当降低绿地地面高程,可以大量接纳路面雨水,增大雨水入渗,提高抗旱能力,并有效控制雨洪流量和汇流时间。

(二)渗透地面

渗透地面主要有多孔沥青地面、多孔混凝土地面和嵌草砖地面等,一般多用于停车场和人行道。国内有资料显示,渗透地面的成本比不透水地面高10%

左右,但它能储存雨水、延长径流时间,从而降低12%～38%的雨水系统投资,而且还可以产生很好的环境效益,比如净化雨水径流、调节大气温度和湿度等。

（三）地下渗透池、管、沟、渠

目前,我国城市采取的排水体制主要有合流制和分流制。合流制为雨水和污水混合收集进入同一管道输送;分流制即污水和雨水分别由污水管道和雨水管道收集和输送,污水进入城市污水处理厂,雨水直接排入水体。从环境保护、污水处理厂运行、管道养护等多方面考虑,分流制较合流制更为优越,因此目前我国的新建小区多采用分流制。雨水管道的设计指导思想是:及时、迅速地排出降雨形成的地面径流。在确定雨水设计流量时,需要考虑对雨水径流量的利用和压缩。

随着我国城市建设的飞速发展,大量建筑物和道路等建设工程使城市不透水地面的面积快速增加。屋面、混凝土和沥青路面等不透水地面的径流系数一般取0.9,意思是降雨量的90%将形成径流。如果单纯考虑将雨水径流快速排出,所需雨水管道、雨水泵站等设施的容量、输送能力必需随之增大,这一方面增加了城市建设投资,另一方面则增加了外排水体导致的洪涝灾害、河岸侵蚀和污染物的冲击负荷。合流制系统则会加大污水处理厂运行的困难和雨污混流外溢而污染水体等问题。

四、雨水回灌

在我国许多大中城市,由于过量开采地下水,导致地下水沉降漏斗范围不断扩大,不少地区甚至出现了严重的地面沉降和断裂带,地下水位逐年降低。另外,城市区域硬地化也改变了自然水循环的方式,雨水降落在建筑区域或其他封闭区域后,不能再以自然方式进入空间的水循环中,从而导致土壤的含水率发生永久性的变化,使自然循环形成的地下水量大大减少。所以,采取有效措施,利用汛期雨水进行合理的地下回灌是势在必行的。

雨水回灌要综合考虑地质、地形、周围环境等诸多因素。可以对现有的两用井、渗井等加以利用,在地下水库所在位置扩建回灌井、渗井等设施,从而可以有效地补充地下水。渗井是深层入渗工程,它既能补充浅层地下水,也能补充深层地下水。根据入渗程度,可以选用自流渗井或增压渗井,入渗深度应根据地下水的动态水位、隔水层等情况而定。对于回灌的雨水,在水质方面是有一定要求的,需经过一定的预处理后方可回灌到地下。合理地开发利用城区的大量雨水,能取得多方面的综合效益。

第三节 "海绵城市"水体规划研究

一、水体近自然化

在山东省政府办公厅印发的《关于加快推进"海绵城市"建设的通知》中要求,通过"海绵城市"建设,要综合采取"渗、滞、蓄、净、用、排"等措施,充分发挥山、水、林、田、湖等原始地形地貌对降雨的积存作用,利用植被、土壤等自然垫面对雨水的渗透作用,利用湿地、水体等对水质的自然净化作用,将70%的降雨就地消纳和利用,努力实现城市水体的自然循环。

通过"海绵城市"建设恢复水体自然形态的具体措施为,各地的城市新区、各类园区、成片开发区要全面落实"海绵城市"的建设要求,加强对城市坑塘、河湖、湿地等水体自然形态的保护和恢复,禁止填湖造地、截弯取直、河道硬化等破坏水生态环境的建设行为,推进"海绵型"建筑与小区、"海绵型"公园与绿地、"海绵型"道路与广场建设,最大限度地减少城市开发建设对生态环境的影响。

二、水体保护

在水体保护方面,要做到以下几点:

(1)做好河流、水库、地下水水质监测。要充分发挥水环境监测中心等相关部门的优势,提高应急监测能力,建设水源水质监控系统;规范对河道、水库等水域的入河排污口的监测、监督管理工作,同时加强对新设或扩大入河、入库排污口的审查力度。

(2)做好水资源保护规划。对水资源进行使用功能区划,提出对水资源的保护目标、水体纳污总量控制意见和保护措施,做好城市水源地保护规划。同时,要合理配置水资源,在分配水量时既要考虑居民生活、工农业生产用水的需要,也要兼顾环境和生态用水的需要。

(3)严格控制污水排放。含有特殊污染物的工业污水、医疗污水必须经处理达到相应的标准后,才能排入市政污水管道。

根据《青岛市生态市建设规划》,为了胶州湾等的生态安全,大型炼油、石化等项目必须自行设置污水处理设施,对厂内产生的石油、化工等污水进行单独处理,并尽量再生利用;剩余污水达到排放标准后在湾外深海排放。

三、污水再生回用

按照"厂网并举,泥水并重,再生利用"的原则,完善污水收集处理及再生水利用系统,提高污水处理标准,实现对污水的资源化利用。此外,还要加大对污水的再生利用力度,不断提高对污水的资源化利用程度,逐步使再生水成为城市绿化、河湖生态维护、道路浇洒、生活杂用、工业冷却等的主要水源。按照青岛市城市总体规划的要求,未来污水再生回用率要达到50%以上。

第四节 "海绵城市"雨水管网系统规划标准

参考《青岛市城市总体规划(2011~2020年)》中的要求,在此提出"海绵城市"雨水管网系统规划标准如下:

(1)雨水管渠设计重现期,一般地区采用2~5年,重要地区采用5~10年,地下通道及下沉式广场采用20~30年。

(2)建立完善的雨污分流排水体制,实现城市污水全收集、全处理,出水水质达到一级A类标准,污水再生回用率达到50%以上。

(3)构建"低影响开发"的雨水系统,实现年径流总量控制率不低于70%的目标,有效缓解城市内涝,削减径流污染负荷,保护和改善水生态环境。

第五节 "海绵城市"雨水集汇流与传输模型研究

一、雨水集汇流模型

所谓"雨水集汇流",主要包含雨水集流与雨水截留两方面的内容。

(1)雨水集流:利用建筑屋顶、空旷广场、停车场或运动场收集雨水,也可利用公路集流设施收集雨水。以上两种雨水集流模式的技术指标为水质达到生产、建筑以及绿化用水的标准。

(2)雨水截留:雨水截留在很大程度上取决于城市人行道和道路边的绿化情况。

二、雨水传输模型

在传输过程中,雨水的流量是沿程递增的,因此其流速、断面形状等也会随沿程和时间而变化,故雨水传输是明渠非恒定流、非均匀流,其流量过程按递增式,即下面的式 8-2 进行计算:

$$Q_i = Q_{i-1} + \sum_{j=1}^{n} q_j \tag{8-2}$$

式中,Q_i 为 i 断面的流量,单位是 $\mathrm{m^3/s}$;Q_{i-1} 为 $i-1$ 断面的流量,单位也是 $\mathrm{m^3/s}$;q_i 为汇入 i 断面的集水单元流量,单位是 $\mathrm{m^3/s}$;n 为集水单元数量。

根据连续原理,可用下面的式 8-3 计算瞬时流速:

$$V_i = Q_i / A_i \tag{8-3}$$

式中,V_i 为 i 断面的瞬时流速,单位是 $\mathrm{m/s}$;Q_i 为 i 断面的流量,单位是 $\mathrm{m^3/s}$;A_i 为 i 断面的面积,单位是 $\mathrm{m^2}$。

城市雨水利用过程的实现,关键就在于如何将汛期的雨水收集到调蓄设施中;而当雨水贮留起来以后,其他的过程才能实现。地面传输过程在很大程度上影响着雨水调蓄设施的入口条件及出口条件。雨水的地面传输过程如图 8-1 所示。

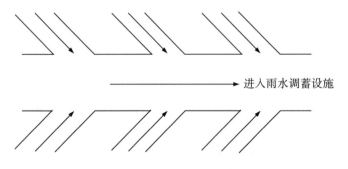

图 8-1 地面传输过程

集水单元的雨水汇入道路,然后沿着道路走势,流入下一级调蓄设施;而调蓄设施入口的流量 Q_λ 就由整个雨水在地面上的传输过程,也就是雨水在道路上流动、汇集的过程所决定。Q_λ 的计算公式如下:

$$Q_\lambda = Q_n = Q_{n-1} + \sum_{j=1}^{n} q_j \tag{8-4}$$

式中,Q_λ 为传输过程末端调蓄设施入口瞬时流量,单位是 $\mathrm{m^3/s}$;Q_n 为传输过程最末断面瞬时流量,单位是 m^3/s;Q_{n-1} 为上一级断面的瞬时流量,单位是 m^3/s;q_j 为传输过程最末断面从第 j 个集水单元流入的瞬时流量,单位是 m^3/s。

根据传输过程以及降雨过程,就可得出调蓄设施入口流量过程线,从而可以得到在整个降雨过程中,流入调蓄设施的总水量 W 为:

$$W = \int_0^T Q_\lambda(t)\mathrm{d}t \tag{8-5}$$

式中,$Q_\lambda(t)$ 为传输过程末端调蓄设施入口瞬时流量 Q_λ 对时间 t 的函数;T 为总时间,单位是 s。

根据调蓄设施调蓄量所受的各方面因素的影响,可得出调蓄设施的可调蓄量 $W_可$,然后将 W 和 $W_可$ 进行比较计算,就可确定调蓄设施的出口控制流量,以使调蓄设施发挥最佳用途,计算公式为:

$$\overline{q_出}(t)T' = W - W_可 = \int_{t_1}^{t_2} q_出(t)\mathrm{d}t \tag{8-6}$$

式中,$\overline{q_出}(t)$、$q_出(t)$ 分别为平均、瞬时出口流量,单位是 m^3/s;T' 为排水时间,单位是 s;t_1、t_2 分别为排水的始、末时刻,单位是 s。

第六节 "海绵城市"雨水利用工程决策

一、城市雨水综合利用工程设计的决策流程

由于各地区、各小区的条件各异,雨水利用涉及面广,影响因素众多,因此应深入现场,决策时根据项目的具体特点、总体规划布置和要求、各种条件及影响因素进行综合分析,合理设计雨水利用工程。城市雨水综合利用工程设计决策的一般流程框架如图 8-2 所示。

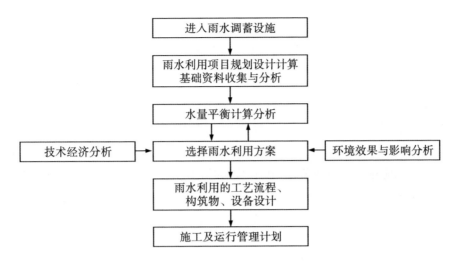

图 8-2　城市雨水综合利用工程设计决策的一般流程框架

二、城市雨水利用工程条件分析

（一）雨水利用工程的适用条件

雨水利用工程的适用条件有以下几项：

（1）具有一定的汇水面积,能汇集足够的雨水量。

（2）有一定的非生活用水量,或适合大量补充地下水。

（3）具有必要的地面或地下布置场所面积。

（4）雨水水质没有受到严重的污染。

（5）不构成新的污染,对建筑物等基础设施不构成威胁。

（6）具备有利的自然或社会条件。

（二）工程项目与自然条件分析

设计人员要了解和掌握与项目有关的各种条件,使其优化组合,互相协调。

（三）环境与水状况分析

设计人员要对项目内和所处区域的环境及水状况进行分析,对园区的雨水径流量、雨水水质等进行计算和判断。

第七节　"海绵城市"雨水水质分析与处理

降雨径流初始部分含有较高浓度或较大负荷的污染物质,在屋面径流污染控制或雨水利用的工程实践中,合理处置初期雨水可大大提高工程的技术经济可行性。初期 20％的雨水中含有 60％左右的污染物,说明降雨存在初期污染效应。因此应建设初雨调蓄池,在下暴雨时,雨水管网中污染物含量较高的初期雨水先进入初雨调蓄池储存,然后在暴雨停止后,将收集的雨水缓慢地输送至市政污水管网,纳入污水厂进行处理;中后期的雨水由雨水泵站排入水体。这样,既大大减轻了初期污染雨水对水体水质的影响,又可以把雨水资源化。

城市雨水净化处理工艺较为简单,费用较低,且具有长期效益。雨水中需要弃除的杂质主要是尘土、地面污染物和大气污染物。如前文所述,这些杂质一般都集中在刚开始的初期降雨量中,因此对初期的雨水直接采用弃流处理,可以去除大部分污染物(包括较小的或者可溶性污染物)。初期弃流后的雨水较为清洁,简单处理后即可加以利用。每年都有雨季,雨水收集利用设施一旦投入使用,每年就能有数量可观的雨水资源产出,且这些雨水资源的产出不受其他社会和人为因素的影响。与污水深度处理后的回收利用相比,雨水收集利用具有以下优点:一是建设投资相对较少,二是运行和后期维护较为简单易行,三是运行费用相对较低。以北京市的某雨水利用工程为例,其雨水收集设施的基本建设投资不到 200 元/m³,运行费用不足 0.1 元/m³;而污水深度处理设施工程投资则高达 0.14～0.25 万元/m³,运行费用为 0.4～0.8 元/m³。和污水再利用以及海水淡化利用相比较,雨水利用显然更为可行。

第八节　"海绵城市"雨水渗透设施规划

雨水渗透是一种间接的雨水利用技术,是合理利用和管理雨水资源、改善生态环境的有效方法之一。雨水渗透具有技术简单、设计灵活、易于施工、运行方便、使用范围广、投资少、环境效益显著等优点。雨水渗透既具有将雨水回灌于地下,达到补充涵养地下水源的作用,也具有改善生态环境,缓解地面沉降,减少水涝等作用。

一、雨水渗透设施的种类

在我国的一些古代建筑中,雨水渗透就有所体现,如利用渗坑、渗井、渗沟使雨水就地下渗。现在,全社会正在提倡"循环经济",在城市重新提倡"雨水渗透",实际上是尊重自然、热爱自然和保护资源的一种表现和进步。雨水渗透设施分为分散式和集中式两种。

(1)分散式雨水渗透设施。分散式雨水渗透设施可应用于城区、生活小区等多种情况下,其规模大小因地制宜,设备简单。分散式雨水渗透设施可减轻对雨水收集、输送系统的压力,补充地下水,但渗透速率一般较慢,而且在地下水位较高等条件下应用受到限制。

(2)集中式雨水渗透设施。集中式雨水渗透设施中,深井回灌容量大,但对地下水位、雨水水质等有更高的要求。

目前在我国,雨水渗透设施包括低势绿地、人造透水地面、渗透管(渠)、渗透浅沟、渗透井(深井)、渗透池(塘)、综合渗透设施等。

二、雨水渗透系统的方案选择

(一)雨水渗透系统的目的

雨水渗透系统的目的主要分为以下三种情况:

一是以控制初期径流污染为主要目的。

二是为减少雨水的流失,减小径流系数,增加雨水的下渗,但没有调蓄利用雨水量和控制峰值流量的严格要求。

三是以调蓄利用(补充地下水)或控制峰值流量为主要目标,要求达到一定的设计标准。

(二)方案选择

对第一种情况,主要是利用汇水面或水体附近的植被,设计植被浅沟、植被缓冲带或低势绿地,以吸收、净化雨水径流中的污染物,保证溢流和排水的通畅,不需要进行特别的调蓄和水力计算,对土质要求也较低。

第二种情况与第一种情况有些类似,也是尽可能利用绿地或多采用透水性地面,对土壤的渗透性有一定的要求,但对雨水渗透设施的规模没有严格要求;或需要进行适当的调蓄和水力计算,以保证溢流和排水的通畅。

第三种情况则不同,首先需要根据暴雨设计标准确定需要调蓄的径流量或削减的峰值流量,确定当地土壤的渗透系数并符合设计要求;然后根据现场条件,选择一种或多种适合的雨水渗透设施,通过调蓄和水力计算确定雨水渗透设施的规模,以实现调蓄利用和抑制峰流量的目标。同样,在这种情况下也需要考虑超过设计标准的雨水径流的溢流排放。

第九节　建立"海绵城市"综合监测信息系统

一、确定综合信息系统的架构

"海绵城市"综合信息系统是基于物联网的理念,为推进城市生态文明建设,促进城市规划建设理念转变,科学、全面地评价"海绵城市"建设成效而开发的一种信息化系统。

"海绵城市"综合信息系统由四部分组成,分别是传感层、传输层、平台层以及展示层。传感层主要包括流量传感器、水位传感器、雨量传感器、水质分析仪、土壤墒情传感器、空气温/湿度传感器、下渗率传感器和视频采集摄像机等组成,主要功能是实时在线采集流量、水位、雨量、土壤墒情、渗透率、空气温/湿度、水质以及视频等信息。传输层由专用远程终端单元(RTU)和电信公网组成,主要功能是实时读取和处理各类传感器数据,并将数据以有线或无线的方式传输到平台层。平台层主要包括综合信息管理系统,主要功能是对接收到的信息进行收集、存储、整理、分析,并以数据为基础,对经过 LID 改造后的"海绵城市"的效果进行评估。展示层主要由控制中心展示屏、现场液晶显示屏(LED)、"海绵城市"综合信息化网站(不同角色的用户进入不同界面)、微信公众号、手机软件(App)等组成,主要功能是支持远程定时更新数据,其最核心的功能在于向公众快速、真实地展示智慧型"海绵城市"的运行情况,模拟"海绵城市"的两水分配形式和运动状态,从而对"海绵城市"的建设成果进行评价。

二、确定监测系统目标

住房和城乡建设部于 2015 年 7 月 10 日颁布执行的《"海绵城市"建设绩效评价与考核办法(试行)》中,对"年径流总量控制率""城市面源污染控制""城市暴雨内涝灾害防治"等关键指标提出了明确的定量化要求,因此,需要借助在线监测技术,检验"海绵城市"的建设成果,监测相关设施的长期运行效果,及时发现运行风险及存在的问题,及时进行有效的处理处置,支持对现场运行情况的应急预警,提高设施的运行保障率。

基于上述需求,青岛市黄岛区西海岸新区"海绵城市"监测系统的构建目标为:

(1)分解细化住建部"海绵城市"建设绩效评价与考核办法中的相关指标,基于监测数据,客观评估"海绵城市"在水生态、水环境、水资源、水安全等方面的定量化改善效果。

(2)构建水量、水质等于一体的在线监测系统,为"海绵城市"建设效果的定量化绩效评价与考核提供长期在线监测数据和计算依据,并为设施运行情况的应急管理决策提供参考。

(3)为"海绵城市"信息化管理平台的开发提供数据支撑,实现建设效果一张图可视化展示、监测数据集成显示、考核指标动态评估、现场运行情况采集等功能,以支持对"海绵城市"建设的考核评估。

(4)通过全方位、长期有效的过程监测,实现对"海绵城市"建设的全生命周期管理,依据背景监测、过程监测、运行监测过程中数据的动态变化,为相关设施的建设、运行、考核提供依据。

三、制定监测技术路线

为了满足考核评价的要求,结合青岛市"海绵城市"建设近期和远期计划,监测布点及指标的可实施性要强,而且监测方案应因地制宜,基于试点区域内的排水条件和与上下游的关系,考虑设置不同的监测类型和布点。

实施监测技术路线时,一般可分为选择监测区/段、选择监测点和设备安装三个阶段,具体步骤如图8-3所示(笔者在此参考了北京清环智慧水务科技有限公司的"海绵城市"分层级系统化监测方案)。首先需要确定监测的目标,根据排水管网分布、城市内河水系、"海绵城市"建设项目分布和土地利用情况,分析各要素间的关联特点,并合理地选择监测区/段,初步制定监测点方案;然后结合现场勘查,进一步确定满足监测设备安装要求的监测点;再在选定的监测点安装液位、流量、水质、气象、墒情(即土壤湿度的情况)等监测设备,并对监测设备获得的数据进行分析判别,从而进一步确认监测点选取的合理性,并调整监测指标、监测频率、监测时间甚至监测点位,最终形成科学合理的监测实施方案,进行长时间的数据监测。

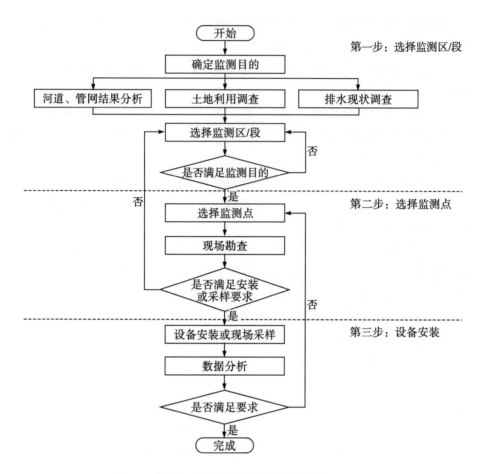

图 8-3 实施监测的总体技术路线

四、监测方案设计

"海绵城市"前端监测系统的设计,以住建部《"海绵城市"建设绩效评价与考核指标(试行)》为指导,包含对城市水系(如湖泊、港渠)、公园绿地、小区公共建筑、市政道路、城市排水管道等多类垫面进行 LID 改造之后的实时在线监测;综合评价"海绵城市"改造之后水生态、水环境、水资源、水安全等方面的监测指标;重点监测水质、雨量、视频、流量、水位、"海绵城市"设施的蓄水率、透水铺装下渗率等。具体来说,体现在以下几个方面:

(一)水生态

在线监测建设区域内的降雨量、地下水位、土壤墒情以及空气温/湿度等生态指标,以便有效评价建设区域的年径流总量控制率、生态岸线恢复状况、地下水位、城市"热岛效应"等。

(二)水环境

在线监测水体水质,包括化学需氧量(COD)、氨氮、总磷、浊度(SS)和pH值等水环境指标,可以有效控制水体黑臭现象,保障"海绵城市"建设区域内的河湖水系水质不低于《地表水环境质量标准》的Ⅳ类标准,且优于"海绵城市"建设前的水质;地下水监测点位水质不低于《地下水质量标准》的Ⅲ类标准,或不劣于"海绵城市"建设前的水质;雨水径流污染、合流导致管渠溢流污染的情况也应得到有效控制。

(三)水资源

在线监测"海绵城市"改造区域排水出口和调蓄模块的雨/污水流量,并监控管网运行状态,综合评价污水的再生利用率、雨水资源利用率以及管网漏损现状。

(四)水安全

通过信息系统,可查看渍水点的降雨记录、水位记录以及视频监测记录等,必要时通过模型分析城市发生暴雨径流的风险,做好暴雨内涝灾害的防治工作;查看水源地水质检测报告和自来水厂的出厂水、管网水、龙头水水质检测报告,保证居民的饮用水安全。

五、平台应用设计

针对"海绵城市"建设的设计目标和需求分析,结合国家"海绵城市"相关技术要求及试点区具体情况,建议采用定制化开发方式,构建"海绵城市"信息化管理平台,并进行系统的运行维护。在系统架构上,"海绵城市"一体化信息管理平台分为三个层次,由下到上分别为硬件支撑层、数据支撑层和应用层,可实现信息的协同与互动,支持"海绵城市"建设管理。系统以"海绵城市"信息采集管理与共享应用为核心,逐步构建多方协同、动态连接的整体管控平台,形成分层、分模块的一系列工具与系统。根据黄岛区西海岸新区"海绵城市"的试点建设工作需求,系统从逻辑上可分为两个层次,即数据层和应用层。数据层是软件系统的基础,应用层包括数据采集子系统、一张图管理子系统、项目管理子系统、考核评估子系统、公众参与子系统、用户权限管理子系统六大子系统。

第十节　本章小结

　　本章主要阐述了"海绵城市"的储存雨水资源功能,即"海绵城市"对雨水资源化利用的相关研究。笔者首先介绍了 BMP、LID、SUDS、WSUD 等国外雨水资源化利用的研究,然后从城市雨水资源化的基本方式与途径、城市水体规划、城市雨水管网系统规划、城市雨水汇集与传输模型、城市雨水利用工程决策、城市雨水水质分析与处理、城市雨水渗透设施规划等方面,详细介绍了"海绵城市"雨水资源化的相关研究,最后详细介绍了对城市雨水综合监测系统的相关研究。

　　此外,虽然"海绵城市"具有雨水防洪防涝功能与储存雨水资源功能,但"海绵城市"的防洪是相对性的,这一点将在后文进行详细论述。

第九章 "海绵城市"规划建设理论

第一节 城市雨洪灾害与水资源短缺问题的成因

一、城市雨洪灾害频发

城市雨洪灾害频发的原因主要有以下几点：

（1）城市化带来的"雨岛"效应。城市化带来的"雨岛"效应主要表现为汛期大暴雨次数、大暴雨中的降水总量和平均降雨强度增大，使得城市地区出现暴雨的概率明显增加。

（2）城市化的过程显著改变了土地的利用特性。城市化增加了不透水面积，天然透水面积的比率大幅下降，由此直接改变了当地雨洪径流的形成条件，导致径流总量增加，流速加大，峰量增高，峰现提前，历时缩短。

（3）雨水快排模式。目前，我国95％以上的城市采用的都是雨水快排模式，雨水落到硬化地面上时，只能从管道里集中快排。为了迅速排出城市地区产生的雨水径流，市政部门兴建了大量排水管网系统。我国城市传统的雨水快排模式以利用土地为主，改变了自然环境和原有的生态，使地表径流增大。

（4）在建设发展过程中，我国城市往往存在与水争地、侵占河道、破坏水系等现象，致使城市地区水面率大幅降低，最终导致城市滞蓄雨洪的能力急剧减弱，影响了城市的防洪安全。

二、城市水资源短缺

2013 年召开的中央城镇化工作会议指出,城市水资源短缺的一个重要原因是水泥地太多,把能够涵养水源的林地、草地、湖泊、湿地给占用了,切断了自然的水循环,雨水形成的径流只能作为污水排走;同时,地下水越抽越少且无法得到补充,导致城市水资源短缺。

第二节　"海绵城市"的雨水管理理念

为了建设"海绵城市",人们需要向自然学习,借鉴自然界的雨水管理原理与过程;让自然做功,研究应用"生态式"雨水管理途径,对补充、完善城市的雨水管理方法,解决城市的雨水问题具有切实意义。图 9-1 和图 9-2 所示分别为传统的雨水收集管理系统与"海绵城市"雨水收集管理系统。

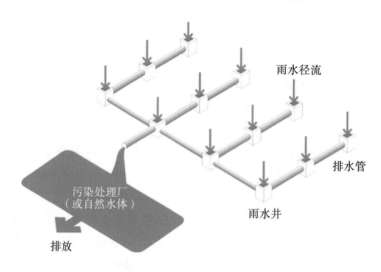

图 9-1　传统雨水收集管理系统

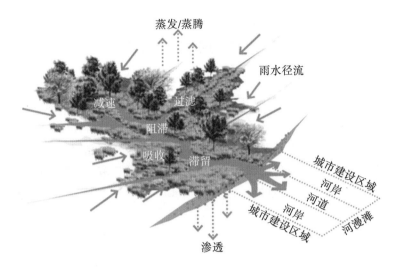

图 9-2 "海绵城市"雨水收集管理系统

第三节 "海绵城市"的专项规划原则

"海绵城市"的专项规划原则有以下几条：

（1）前瞻性原则。"海绵城市"的规划设计理念应具有远见并切实可行，就青岛市而言，应从西海岸新区核心区的远景发展考虑，作出准确的判断。

（2）创新性原则。"海绵城市"规划要以先进的理念，对绿色低碳、可持续发展、以人为本等方面予以重点考虑，同时注重对新技术的应用。

（3）可操作原则。"海绵城市"的规划方案应能适应不同阶段的开发与建设需要；方案必须具有可操作性，以便于贯彻到城市建设工作中。

（4）因地制宜、生态优先原则。应当充分利用和发挥当地的地形地貌和水文地质特点，合理确定雨水径流控制目标与指标，因地制宜地实施对策；针对山体区域、陡坡区域、平原区域下垫面的特点，实现"自然蓄存，自然渗透，自然净化"的功能。

第四节　控制目标分解

根据"'海绵城市'-低影响开发雨水系统"构建技术框架,各地应结合当地的水文特点及建设水平,构建适宜并且有效衔接的 LID 控制指标体系。有条件的城市可通过水文、水力计算与模型模拟等方法,对年径流总量控制率目标进行逐层分解;暂不具备条件的城市,可以结合当地的气候、水文地质等特点,分析汇水面种类及其构成等条件,通过加权平均的方法试算进行分界。控制目标分解方法如下:

(1)确定城市总体规划阶段提出的年径流总量控制率目标。

(2)根据城市控制性详细规划阶段提出的各地块城市绿地率、建筑密度等规划控制指标,初步提出各地块的 LID 控制指标,可采用下沉式绿地率及其下沉深度、透水铺装率、绿色屋顶率、调蓄容积等单项或组合控制指标。

(3)参照住房和城乡建设部颁布的《海绵城市建设技术指南——低影响开发雨水系统构建》第四章第八节的计算方法,分别得到各地块 LID 设施的总调蓄容积。

(4)通过加权计算得到各地块的综合雨量径流系数,并结合前述步骤(3)得到的总调蓄容积,参照下面的式 9-1 确定各地块 LID 雨水系统的设计降雨量:

$$V = 10 \times \psi \times H \times S \qquad (9\text{-}1)$$

式中,V 是设计调蓄容积,单位是 m^3;H 是设计降雨量,单位是 mm;ψ 是综合雨量径流系数;S 是汇水面积,单位是 m^2。

(5)对照统计分析法计算出的年径流总量控制率与设计降雨量的关系,确定各地块 LID 雨水系统的年径流总量控制率。

(6)各地块 LID 雨水系统的年径流总量控制率经汇水面积与各地块综合雨量径流系数的乘积加权平均,得到城市规划范围内 LID 雨水系统的年径流总量控制率。

(7)重复步骤(2)～(6),直到满足城市总体规划阶段提出的年径流总量控制率目标要求,最终得到各地块的 LID 设施的总调蓄容积,以及对应的下沉式绿地率及其下沉深度、透水铺装率、绿色屋顶率、其他调蓄容积等单项或组合控制指标,并将各地块中 LID 设施的总调蓄容积换算为"单位面积控制容积",作为综合控制指标。特别需要注意的是,本计算过程中的调蓄容积不包括用于削减峰值流量的调节容积。

(8)对于径流总量大、红线内绿地及其他调蓄空间不足的用地,需统筹周边用地内的调蓄空间,共同承担其径流总量控制目标时(如城市绿地用于消纳周边道路和地块内径流雨水),可将相关用地作为一个整体,并参照以上方法计算相关用地整体的年径流总量控制率后,再参与后续计算。

对于已开发区域的"海绵城市"的建设规划,按照上述步骤(1)~(8)进行即可。如果区域为未开发区域,首先应该按照 LID 技术对地块的土壤性质进行评估,确定建设用地和保护用地,调整控制详细规划阶段提出的各地块城市绿地率、建筑密度等规划控制指标,明确绿地等地块的选址,保证渗透性良好的地块作为绿地等非建设用地,然后再进行"海绵城市"建设专项规划,最终把"海绵城市"规划结果用于该区域的总体规划与详细规划。

第五节　本章小结

本章首先对城市雨洪灾害与水资源短缺问题的成因进行了剖析;然后将"海绵城市"雨水管理理念与传统雨水管理理念进行了对比,发现"海绵城市"的近自然化雨水管理理念对解决城市雨水问题更具有切实意义;随后,阐述了"海绵城市"规划建设的四条基本原则,即前瞻性原则、创新性原则、可操作原则与生态优先原则;最后根据"'海绵城市'-低影响开发雨水系统"构建了技术框架,对控制目标进行了分解。本章的内容将为下文的"示范区推广应用研究"奠定必要的理论基础。

第十章　示范区推广应用研究
——以青岛市西海岸新区核心区为例

第一节　青岛市西海岸新区核心区现状

一、行政区划

青岛市西海岸新区已经成功晋身为第九个国家级经济新区。按照总体规划,整个西海岸新区按功能定位将被划分为九个功能区,它们分别是青岛市灵山湾影视文化产业区、新区核心区、青岛市经济技术开发区、中德生态园、西海岸国际旅游度假区、青岛市前港湾保税区、青岛市董家口经济循环区、现代农业示范区和青岛市古镇居民融合创新示范区。其中,新区核心区是西海岸新区的"新区之心",亦称为"青岛市中央活力区",是全国第一个名称和定位一致的中央活力区。

二、新区核心区概况

本研究以青岛市西海岸中部灵山湾区域的新区核心区为研究对象,新区核心区面积约 30 km²,研究区域的具体范围为北起人民路,东至两河路、海岸线,西至上海路、琅琊台南路,南至滨海大道。

新区核心区位于大珠山—铁橛山—西华山等山体围合而成的区域内,山体岩性为燕山期花岗岩。新区核心区的地貌以平原为主,土壤类型多为棕壤土。新区核心区的地势特征为西北高、东南低,平均海拔较低且高程落差小。新区核心区内主要有两河、隐珠河、风河、青草沟四条东西走向的水系,其中发源于铁撅山的风河对新区核心区的水文影响最大。

此外,根据新区核心区概念规划调研座谈会传达的青岛市西海岸新区概念规划理念,新区核心区将成为引领区域发展的中心,是新区发展的亮点及全域高端服务配套的平台,其发展将突破传统的"中央商务区"(CBD)概念的束缚,依托区位、生态、产业等资源优势,强化海洋经济概念,突出地域特色。当地的概念规划要求新区核心区突出金融商务、现代服务、旅游休闲、文化创意、健康医疗等城市功能,促进产业聚集,提升城市品质。

三、研究区域的降雨及水文变化规律分析

西海岸新区核心区为温带季风性气候,受到海洋季风和海流、水团的直接影响,空气湿润,雨量充沛,温度适中,四季分明,具有明显的海洋性气候特点。西海岸新区核心区的降雨量年际年内分布不均,汛期降雨量大,年平均降雨量为734.1 mm(1952~2012年,原胶南市王台镇气象资料),其中汛期6~9月的降雨量为528.5 mm,占全年降雨量的72%左右(见图10-1);最大年降雨量为1214.1 mm,出现在1964年;最小年降雨量为293.9 mm,出现在1981年,最大年降雨量是最小年降雨量的4.13倍。

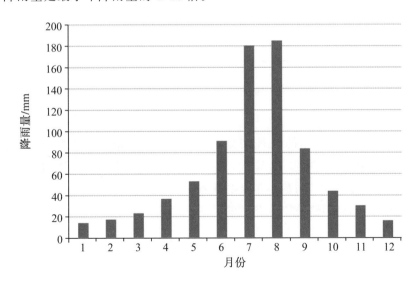

图10-1 规划区多年平均降雨量逐月分布图(1985~2014年)

根据《青岛市水利统计年鉴》中黄岛地区的降雨量统计结果,2004~

2013年,黄岛地区的逐月降雨量资料如表10-1所示。

表 10-1　黄岛地区逐月降雨量统计表　　　　　　单位:mm

年份	1月	2月	3月	4月	5月	6月	7月	8月	9月	10月	11月	12月	汛期(6～9月)	
													降雨量	占全年降雨比例
2004	4	26	4.4	51	76	48.1	99	190	35.4	11	90.1	11.1	373	57.60%
2005	0.1	31.3	9.4	14	53	75.3	75	300	312	19	5.5	7.9	762	84.50%
2006	7.4	7.8	10.4	32	61	46.1	134	170	8.4	7.7	23.8	33.5	359	66.30%
2007	3.2	25.2	67.5	44	79	199	121	558	305	17	0	35.5	1183	81.40%
2008	10.5	6.5	15.7	65	83	44.8	308	267	40.8	92	18.7	5.0	661	69.10%
2009	10.1	13.5	21.5	36	52	94	175	176	80.4	44	28.1	11.6	526	70.80%
2010	1.4	13.1	30.4	36	59	64.2	199	74	23.3	28	24.7	18.5	361	63.20%
2011	0.3	32.0	0.1	7.8	48	44.2	196	184	79.6	14	41.0	23.9	504	75.10%
2012	1.0	2.3	35.9	57	8.5	22.3	192	246	70.8	18	69.8	41.5	531	69.40%
2013	20.9	9.2	11.4	8.5	171	35.9	167	59.3	104	0.9	64.5	0.2	367	56.20%
平均	5.9	16.7	20.7	35	69	67.4	167	222	106	25	36.6	18.9	562	69.34%

通过汇总分析,得到规划区域的降雨的主要特点如下:

(一)降雨年际变化大

根据 2004～2013 年的统计结果可以看出,黄岛地区年平均降雨量为
790.2 mm,降雨的年际变化较大,从 2004～2013 年,最大年降雨量为
1454 mm,出现在 2007 年;最小年降雨量为 541.7 mm,出现在 2006 年,最大年
降雨量是最小年降雨量的 2.68 倍。2004～2013 年,黄岛地区年降雨量变化趋
势如图 10-2 所示。

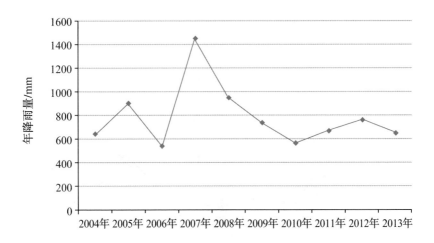

图 10-2 2004～2013 年黄岛地区年降雨量变化趋势

（二）降雨年内变化大

由图 10-3 可以看出，2004～2013 年，黄岛地区降雨量年内变化较大，降雨多集中在汛期（6～9 月），降雨量为 562.5 mm，占全年降雨量的 69.3%，与多年平均统计资料结果一致；最大年份汛期降雨量占全年的比例为 84.5%，出现在 2005 年；最小年份的汛期降雨量占全年的比例为 56.2%，出现在 2013 年。

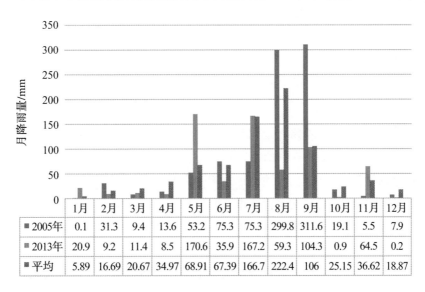

	1月	2月	3月	4月	5月	6月	7月	8月	9月	10月	11月	12月
■2005年	0.1	31.3	9.4	13.6	53.2	75.3	75.3	299.8	311.6	19.1	5.5	7.9
■2013年	20.9	9.2	11.4	8.5	170.6	35.9	167.2	59.3	104.3	0.9	64.5	0.2
■平均	5.89	16.69	20.67	34.97	68.91	67.39	166.7	222.4	106	25.15	36.62	18.87

图 10-3 月降雨量年内分布情况

四、主要交通

青岛市西海岸新区核心区周边已初步建成以公路为主,融铁路(包含地铁、轻轨)、港口、空港为一体的区域交通体系,如图 10-4 所示。

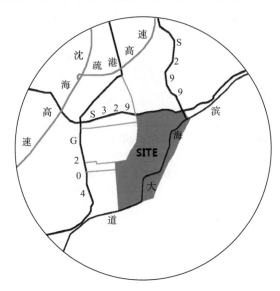

图 10-4　新区核心区主要的交通线路

(一)公路

新区核心区内有 329 省道与 299 省道穿过,西侧距 204 国道约 5 km,距沈海高速约 7 km,北侧距疏港高速约 4 km。

(二)铁路

目前,新区核心区铁路客运出行主要依靠东岸城区的铁路(青岛站和青岛北站),距离 40~50 km,乘车约 1 h 即可抵达。规划在建的青连铁路黄岛段,铁路客运站选址位于风河以北、铁山镇东侧,距离新区核心区西侧约 8 km。

此外,青岛西站的顺利运营标志着西海岸新区成功完成了以青岛西站为核心的基础配套和重大项目建设,实现了项目"当年开工,当年建成,当年启用"的新纪录。同时,以青岛西站为核心的交通商务区迅速崛起,借力青岛西站综合交通枢纽的优势,新区核心区打造了又一个改革开放的新门户和青岛市西部经济发展的新引擎。借力高铁时代,西海岸新区正在提速增效,向着高质量发展的新阶段全速前行。

（三）地铁/轻轨

已经运行的青岛市地铁 13 号线位于青岛市黄岛区（西海岸经济新区），包括黄岛区经济技术开发区、西海岸中央商务区（朝阳山 CBD）、新区中心区（原胶南市）、古镇口服务保障区、董家口经济区（董家口港城）五个片区。青岛市西海岸经济新区城际轨道交通项目是贯穿西海岸经济新区的轨道交通骨干线和快速线，其定位为大运量等级的轨道交通线路，旨在将整个青岛市西海岸经济新区融入青岛市轨道交通网，完成青岛市"一谷两区"格局的互联互通。

青岛市地铁 1 号线全长 60 km，南起西海岸新区峨眉山路，北至城阳区东郭庄，串联起了西海岸新区、市南区、市北区、李沧区、城阳区等多个区域，是一条跨海的地铁线路。

青岛市地铁 6 号线横穿西海岸新区，连通灵山湾影视文化产业区、经济技术开发区、国际经济合作区、青岛大学附属医院西海岸院区、朝阳山 CBD 等多个重要功能区和建设项目。未来将与涉及新区的其他已开通或建设中的 4 条地铁线串联，形成青岛市国家级新区的现代化轨道交通网，进而加快青岛市各要素的流动，推动青岛市经济的全域发展。

（四）港口

新区核心区距北侧的前湾港约 25 km，距南侧的董家口港约 40 km。

（五）空港

新区核心区距东北侧的青岛市流亭国际机场约 70 km，距北侧的胶东国际机场约 65 km。

五、土地利用现状分析

经调查统计，新区核心区目前的用地以城市建设用地为主，总计约 22 km²，占新区核心区总面积的 76%。大面积的自然基底向城市建成用地转化，以不透水地面取代了原先透水性能良好的绿地、农田等地面，导致城市地表径流量增加，雨洪灾害频繁发生；同时，雨水下渗量和地下水补给量的减少加剧了局部区域的水资源短缺状况。新区核心区具体的土地利用情况如表 10-2 和图 10-5 所示。

表 10-2 新区核心区土地利用情况

用地性质代码	用地类别	用地面积/ha	占用地面积比例/%
A	公用管理与公共服务用地	76.97	2.65
B	商业服务业用地	139.18	4.79
R	居住用地	383.64	13.19
M	工业用地	466.05	16.02
W	物流仓储用地	3.52	0.12
U	公用设施用地	13.41	0.46
S	交通设施用地	757.96	26.06
G	绿地与广场用地	380.05	13.07
E	非建筑用地	687.85	23.65
总计	—	2908.63	100.00

图 10-5 新区核心区土地利用情况分布图

六、新区核心区的未来规划

新区核心区属于部分建成区,已具备一定的行政、金融、商务功能,具备迅速启动的规划、土地条件。在开发建设过程中,新区核心区将体现城市沿河生长、拥湾发展、生态基底理念,规划为"一带""三河""五园""六区":

(1)"一带"是指滨海时尚休闲带。

(2)"三河"是指风河、隐珠河、两河生态景观轴线。

(3)"五园"是指市民公园、海滨公园、湿地公园、体育公园、森林公园五大城市绿地空间。

(4)"六区"是指行政中心、金融中心、商务中心、商业中心、酒店会展中心、文化创意中心六个相对集中又各具特色的功能区。

第二节 实际存在的问题

根据初步划定的集水区,笔者制定了调查路线图。用 ArcGIS 软件的 Hydrology 模型处理 2013 年的目标区航拍影像图(精度为 2 m)和高程图(精度为 60 m),以 100 为阈值(经多次试验确定的值),得到新区核心区的汇水区统计表(见表 10-3)和汇水区域图(见图 10-6)。

表 10-3 新区核心区的汇水区统计表

序号	面积/km²	周长/km	序号	面积/km²	周长/km
0	0.24	1.94	19	0.40	2.52
1	1.11	4.99	20	0.76	3.71
2	0.92	4.58	21	1.26	5.02
3	0.62	4.15	22	0.48	2.80
4	0.26	2.34	23	2.67	7.39
5	0.30	2.76	24	0.89	4.48
6	0.57	3.17	25	0.41	2.62
7	1.10	5.43	26	0.49	3.66
8	0.54	3.33	27	0.96	3.87

续表

序号	面积/km²	周长/km	序号	面积/km²	周长/km
9	0.84	3.95	28	0.42	2.86
10	0.37	3.16	29	0.53	3.03
11	0.78	3.79	30	0.30	2.55
12	0.12	1.86	31	0.38	2.75
13	0.76	3.42	32	0.19	2.12
14	0.34	2.65	33	0.42	2.65
15	1.56	5.94	34	0.43	2.61
16	1.83	6.12	35	1.23	4.54
17	2.02	5.96	36	1.14	4.41
18	0.82	5.91	总面积/km²		28.46

图 10-6 新区核心区汇水区域图

本次野外调查行程共计 41.5 km,调查点位共计 16 个。调查的路线图和点位图详情如图 10-7 所示。

图 10-7　调查的路线图和点位图

一、滨海大道与风河南路交叉口

　　风河发源于原胶南市以西的铁橛山,穿越青岛市南部市区东流入黄海,全长 31.8 km。1999 年,胶南市政府投资 5000 万元对入海口以西的 19 km 河段进行了综合治理,如石砌了复式河床,浆砌河堤,移植草皮护坡,绿化美化两岸,用橡胶坝拦河蓄水,堤顶按国家三级公路标准拓宽等。滨海大道与风河南路交叉口的航拍照片、实景如图 10-8(a)、图 10-8(b)、图 10-8(c)所示。

(a)滨海大道与风河南路交叉口的航拍照片

(b)滨海大道与风河南路交叉口实景之一

(c)滨海大道与风河南路交叉口实景之二

图 10-8　滨海大道与风河南路交叉口航拍照片与实景图

风河南北面都有一片面积相当可观的林地或空地,但是风河北路和风河南路的较高的路基使得风河两侧的地块与风河失去了相互作用,建议对岸堤采用近自然化理念处理,修建景观湿地,降低公路路基对生态环境的影响。另外,风河南路以南 100 m 处有一座水泥厂,建议迁走。

二、灵山湾国家森林公园

灵山湾国家森林公园位于原胶南市的百里黄金海岸线中段,总面积 7.3 km²,森林覆盖率 58.8%,形成了淳朴狂野、清静幽雅的森林景观。公园中开发建设了神奇乐园游乐区、园林荟萃区、森林游憩区、海上活动区、滨海度假村、海礁垂钓区、花园别墅区、园务管理区八个功能区,如图 10-9 所示。

图 10-9　灵山湾国家森林公园

目前,灵山湾国家森林公园已经划出了约 26 hm² 的商业用地区,在进行商业用地开发建设时,应尽量减少对森林公园生态环境的影响。

三、顾家崖头村北

顾家崖头村北的小路与滨海大道之间的空地绿化状况很好,小路以南为大面积空地,空地建议规划成雨水湿地,如图 10-10 所示。

图 10-10　顾家崖头村北

四、明富大道与圣元路交叉口

明富大道南面为青草河,西北与东北方向当前为空地(见图 10-11)。据了解,西北空地已经成为国企用地,东北方向为京博集团用地。建议空地在以后的开发时严格执行"海绵城市"建设的要求。

图 10-11　明富大道附近的空地

五、东佳路月牙河桥

东佳路道路整洁，两侧绿化较好，但是此处的月牙河水质极差，为黑臭水体，如图 10-12 所示。由于附近厂房较多，因此建议找出黑臭水体的污染源并进行治理，同时开展河流整治修复的相关工作。

图 10-12　东佳路月牙河桥处

六、琅琊台南路青草河桥

青草河河流基本上处于常年无水状态，河底的细流为污水，通过管道排放至此，如图 10-13 所示。建议采取截污治理等相关措施，然后利用海绵技术储存雨水，使河流恢复生态健康。另外，青草河两侧有大量垃圾分布，建议清理，避免引起二次污染。

图 10-13　琅琊台南路青草河桥处

七、琅琊台南路月牙河桥

月牙河河道两侧生态建设较好,但是河流水质为劣 V 类,原因为附近污水源产生的污水未经处理就直接排入河道,如图 10-14 所示。建议截污并采取有效措施治理污水。

图 10-14　琅琊台南路月牙河桥处

八、琅琊台南路与滨海六路交叉口

琅琊台南路与滨海六路交叉口的河道常年无水,河道两侧有一定的绿化,如图 10-15 所示。河道北侧多为厂房用地,有排污管,建议截污。

图 10-15 琅琊台南路与滨海六路交叉口

九、滨海五路与风河交叉口

风河南侧有一定的空地,下游 1 km 处为污水处理厂,如图 10-16 所示。建议把空地建成湿地,为下游的污水处理厂减压。另外,风河的橡胶坝位于此处,建议做出橡胶坝对生态影响的评估。

图 10-16 滨海五路与风河交叉口附近的空地

十、上海路与台东七路交叉口

上海路与台东七路交叉口的沟渠为排污沟渠,水体为黑臭水体,如图 10-17 所示。建议重点治理,修复土壤,避免二次污染。

图 10-17　上海路与台东七路交叉口的沟渠

十一、海王路渡金河桥

渡金河水量充沛,但水质较差,建议采取有效措施改善水质。桥北侧有较多空地(见图 10-18),建议建成湿地系统用于改善水质。另外,护岸建议采用近自然化处理。

图 10-18　海王路渡金河桥北侧

十二、珠海路渡金河桥

珠海路渡金河的河道两岸整洁,河道上有截留清除绿色悬浮物的设备,如图 10-19 所示。不过,珠海路渡金河的水质较差,易发生水华现象,建议从水的源头处治理。另外,对河的护岸建议采用近自然化处理。

图 10-19 珠海路渡金河桥

十三、上海路天使宾馆附近

上海路天使宾馆附近有较多的空地,但是生态环境遭到了严重污染(见图 10-20),如沟渠当前为排污沟渠,水体为黑臭水体。建议对其重点治理,修复土壤,避免二次污染。

图 10-20 上海路天使宾馆附近

十四、人民路隐珠河桥

人民路隐珠河的河道水质较差,河床大多为原生态状态,如图 10-21 所示。建议进一步巩固原生态河床,把隐珠河桥东北侧的空地建成雨水湿地。

图 10-21　人民路隐珠河桥

十五、两河入灵山湾处

两河入灵山湾处的水质及河道两侧生态建设较好,如图 10-22 所示。建议将此处作为治理范例。

图 10-22　两河入灵山湾处

十六、隐珠河入灵山湾处

隐珠河入灵山湾的滨海大道下游处有防海水倒灌工程,入湾口处有旅游景观设施,两侧多为商业建筑用地,地北面为红树林用地,还未动工,如图 10-23 所示。建议动工时按照"海绵城市"的标准进行建设。

图 10-23　隐珠河入灵山湾处

第三节　集水区划分

用 ArcGIS 软件的 Hydrology 模块处理遥感影像图和高程图（本次遥感数据为 2013 年的遥感数据）。根据多次试验的结果，本研究由 DEM 提取自然集水区边界的最佳格栅阈值确定为 100。由于人类活动（道路建设、高密度建筑物、排水沟等）会影响汇水路径与集水区边界，所以需要结合高清影像图和现场调研的实际情况，对提取的自然集水区进行修正，然后得到符合实际情况的最终集水区分布图。修正后的新区核心区集水区具体划分情况如图 10-24 所示。

图 10-24　新区核心区集水区分布图(修正后)

第四节　土地利用类型提取

　　在完成集水区划分之后,结合土地利用规划与实际情况,本研究对每个集水区进行了土地利用类型提取。以第 25 集水区为例,通过对高清影像图的分析(见图 10-25),分别提取了水系、道路、空地、村庄、厂房、绿地、建筑与小区、近期可开发用地,共计 8 种地块,如表 10-4 和图 10-26 所示。

图 10-25　第 25 集水区的高清影像图

表 10-4　第 25 集水区的土地利用类型统计表

地块	面积/m²	地貌	地块	面积/m²	地貌
0	11812.66	水系	10	2482.97	绿地
1	44344.90	道路	11	2206.04	绿地
2	194.79	道路	12	14791.17	绿地
3	578.93	道路	13	989.14	绿地
4	244.50	道路	14	851.49	绿地
5	44281.05	道路	15	2627.59	近期可开发用地
6	102517.55	空地	16	25889.58	建筑与小区
7	108054.41	村庄	17	75438.81	建筑与小区
8	38862.42	厂房	18	7251.15	建筑与小区
9	24086.13	绿地	19	2186.93	建筑与小区
总面积	509692.21 m²				

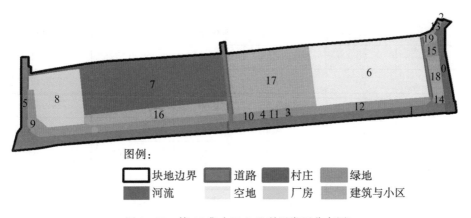

图例:
□ 块地边界　▨ 道路　▨ 村庄　▨ 绿地
▨ 河流　▨ 空地　▨ 厂房　▨ 建筑与小区

图 10-26　第 25 集水区土地利用类型分布图

第五节　计算调蓄容积

一、年径流总量控制率

各地块在确定年径流总量控制率时,需要综合考虑多方面的因素。一方面,开发建设前的径流排放量与地表类型、土壤性质、地形地貌、植被覆盖率等因素有关,应通过分析综合,确定开发前的径流排放量,并据此确定适宜的年径流总量控制率;另一方面,要考虑当地水资源禀赋情况、降雨规律、开发强度、LID 设施的利用效率以及经济发展水平等因素。具体到某个地块,要具体情况具体分析。例如,当不具备径流控制的空间条件或者经济成本过高时,可选择较低的年径流总量控制目标。同时,从维持区域水环境良性循环及经济合理性的角度出发,径流总量控制目标也不是越高越好,因为雨水的过量收集与减排会导致原有水体的萎缩,或影响水系统的良性循环;从经济性的角度出发,当年径流总量控制率超过一定值时,投资效益会急剧下降,造成设施规模过大、投资浪费的问题。综合以上情况,笔者确定本次规划研究中,各个集水区的年径流总量控制率如表 10-5 所示,对应的设计降雨量如表 10-6 所示。

表 10-5　新区核心区年径流总量控制率与调蓄容积

集水区	年径流总量控制率/%	面积/m²	平均径流系数	设计调蓄容积/m³	实际可调蓄容积/m³
0	80	190855.60	0.47	3039.06	3788.73
1	75	945753.67	0.53	13725.89	30769.67
2	70	593137.34	0.73	9920.51	9936.11
3	70	248429.90	0.68	3854.00	5244.49
4	70	303300.56	0.69	4819.54	7149.88
5	80	559614.07	0.43	8134.84	24763.12
6	85	1067618.33	0.23	10332.62	20513.64
7	70	602072.33	0.53	7337.98	18056.66
8	75	874560.62	0.55	13124.95	11326.31
9	75	390730.34	0.52	5532.58	12163.09

续表

集水区	年径流总量 控制率/%	面积/m²	平均径流 系数	设计调蓄 容积/m³	实际可调蓄 容积/m³
10	75	781900.28	0.55	11824.80	12947.16
11	70	72816.23	0.63	1045.00	1217.54
12	80	796771.45	0.41	10947.76	22579.69
13	85	373609.33	0.54	8510.16	9857.81
14	80	1541065.17	0.48	24602.41	57366.23
15	85	1798568.08	0.37	28208.28	49925.27
16	85	2140394.14	0.31	28369.77	29551.83
17	80	881343.59	0.35	10285.42	23641.27
18	85	380956.08	0.56	9073.17	10201.27
19	85	707809.90	0.27	8148.98	11336.63
20	85	1534432.08	0.46	29773.90	80805.24
21	80	553416.42	0.53	9834.37	13980.36
22	75	2710635.18	0.58	43336.36	43452.09
23	80	661635.45	0.51	11432.39	20750.91
24	75	427588.82	0.56	6525.41	6930.31
25	75	509692.21	0.57	8022.06	11828.39
26	75	861045.09	0.56	13275.31	21286.09
27	75	424856.98	0.56	6493.97	6507.69
28	75	497622.26	0.57	7720.14	13759.81
29	80	293222.84	0.63	6212.51	7542.73
30	70	432174.53	0.83	8260.45	8323.27
31	75	219527.23	0.62	3708.88	7173.53
32	75	434045.08	0.59	7036.98	12936.27
33	75	324161.88	0.67	5911.58	12622.18
34	80	1212733.56	0.57	23284.93	28395.72
35	70	1122249.54	0.51	13135.29	27671.40
36	75	446296.04	0.47	5749.45	18637.05

续表

集水区	年径流总量 控制率/%	面积/m²	平均径流 系数	设计调蓄 容积/m³	实际可调蓄 容积/m³
37	70	339205.59	0.60	4616.90	7848.65
新区核心区	78.4	28255847.77	0.49	435481.48	722788.09

表 10-6 青岛市年径流总量控制率对应的设计降雨量

年径流总量控制率	60%	65%	70%	75%	80%	85%	90%
设计降雨量/mm	16.2	19.3	22.9	27.4	33.6	42.2	55.0

备注:本表数据是依据山东省气象部门提供的各地 1985~2014 年的降雨资料进行计算
得出的,计算方法参见《"海绵城市"建设技术指南——低影响开发雨水系统构建
(试行)》。

在得到各集水区的年径流总量控制率及新区核心区的面积加权年径流总
量控制率后,要对新区核心区的面积加权年径流总量控制率进行验证,看其是
否满足《青岛市城市总体规划要求(2011~2020 年)》等规划或相关规范的要求。
若满足,则该值用于计算调蓄容积;若不满足,则要进行调整,直到满足要求
为止。

在青岛市政府下发的《关于加快推进"海绵城市"建设的实施意见》中,明确
提出通过"海绵城市"建设,最大限度地降低城市开发建设对生态环境的影响,
实现 75% 的雨水就地消纳利用的目标。经计算,新区核心区的年径流总量控制
率为 78.4%,大于 75%,满足要求。

二、设计调蓄容积

由集水区径流总量对应产生的设计调蓄容积(不包括用于削减径流量的调
节容积)是"海绵城市"建设的一个重要控制目标。设计调蓄容积的计算应满足
以下四项原则:

(1)总设计调蓄容积为各地块设计调蓄容积之和。

(2)允许各集水区、各地块有不同的设计降雨量,但新区核心区的面积加权
平均设计降雨量必须满足青岛市下发的《关于加快推进"海绵城市"建设的实施
意见》中的要求。

(3)径流系数的选择参照《室外排水设计规范》(GB 50014)和《雨水控制与
利用工程设计规范》(DB 11/685)。

（4）受地形条件的影响，汇水面积以垂直投影面积为准。

"海绵城市"的规划设计以径流总量和径流污染为控制目标时，设计调蓄容积一般采用容积法进行计算，其公式如下：

$$V = H \times \psi \times S \tag{10-1}$$

式中，V 是设计调蓄容积，单位是 m^3；H 是设计降雨量，单位是 mm；ψ 是综合雨量径流系数；S 是汇水面积，单位是 m^2。带入相关数据，得出第 25 集水区的设计调蓄容积，如表 10-7 所示，其他集水区的设计调蓄容积计算结果如表 10-5 所示。

表 10-7　第 25 集水区设计调蓄容积计算表

总地块	总面积/m^2	径流系数(ψ)
水系	11812.66	1
道路	89644.17	0.9
空地	102517.50	0.2
近期可开发用地	2627.59	0.3
村庄	108054.41	0.8
厂房	38862.42	0.8
绿地	45406.93	0.15
建筑与小区	110766.53	0.6
总面积/m^2	509692.22	
平均径流系数	0.57	
年径流总量控制率	75%	
设计降雨量/mm	27.4	
设计调蓄容积/m^3	8022.06	

第六节　技术选择

在保证实际可调蓄容积超过设计调蓄容积的前提下，综合考虑不同集水区的水文地质、水资源等特点，同时考虑建筑密度、城市绿地率、土地利用布局等条件，以及各 LID 技术的主要功能、经济性、适用性、景观效果等因素，选择效益最优的单项设施及其组合系统,以达到把降雨产生的径流就地吸纳、储存等的目的与效果。

以第 25 集水区为例,通过图 10-26 可以看出,第 25 集水区西部多为厂房用地,中部以村庄、建筑小区等建筑用地为主,东部为大面积的空地与少量的建筑规划用地,且濒临月牙河;通过图 10-27 可以看出,第 25 集水区的地势整体上呈西高东低的特点。经过对比多种 LID 技术方案,最终第 25 集水区所采用的 LID 设施组合系统是:第 6 地块空地选择建设雨水湿地,有效面积为原地块面积的 80%,湿地水深约为 0.1 m;第 9~14 草地地块进行下沉式绿地改造,下沉式绿地率为 70%,下凹深度为 0.1 m;第 15 地块规划为复杂生物滞留设施,有效汇水面积为第 15 地块、第 18 地块、第 19 地块面积之和的 10%,蓄水层深度为 0.2 m;第 18 地块和第 19 地块按照国家建筑标准《10SS705 雨水综合利用标准》,分别建造 100 m³ 的地下蓄水池一个;其他地块以植草沟、绿色屋顶等调节、转输技术为主。第 25 集水区 LID 技术的应用选择与实际可调蓄容积的详情如表 10-8 所示,其他集水区的计算结果参见表 10-5。

表 10-8　第 25 集水区"海绵城市"技术应用选择和实际可调蓄容积情况

序号	地块类型	面积/m²	有效面积/m²	技术选择	实际可调蓄容积/m³
1	水系	11812.66	0	—	$V_1 = 0$
2	道路	89644.17	0	—	$V_2 = 0$
3	空地	102517.50	82014.00	雨水湿地	$V_3 = 8201.40$
4	村庄	108054.40	0	植草沟	$V_4 = 0$
5	厂房	38862.42	400.00	透水铺装、绿屋顶	$V_5 = 0$
6	绿地	45406.93	31784.85	下沉式绿地	$V_6 = 3178.48$
7	建筑与小区	110766.50	—	蓄水池	$V_7 = 200.00$
8	近期可开发用地	2627.69	1227.57	复杂生物滞留设施	$V_8 = 245.51$

实际可调蓄容积(总)=11828.39 m³＞8022.06 m³

图 10-27 第 25 集水区的东西地势剖面图

第七节 低影响措施在各地块施工时序的确定

通过引入水文敏感指数 λ ，确定各"海绵城市"地块建设的优先时序。水文敏感指数 λ 的计算公式为：

$$\lambda = \ln(k_1 \times \alpha \times \tan \beta) - \ln[K_s \times D \times (1 - k_2 \times \psi)] \qquad (10\text{-}2)$$

式中， α 是地块的面积周长比， β 是坡度， K_s 是土壤导水率， D 是土壤层的深度， ψ 是不透水面的比例， k_1 和 k_2 为参数调节系数。

通过式 10-2 可以看出， λ 越大，所在地块进行"海绵城市"建设的优先顺序就越靠前，所在地块进行 LID 建设的优先顺序也就越有意义。换句话说，地块的面积周长比、坡度与地块不透水面积率越大，土壤导水率与土壤层厚度越小，地块进行 LID 建设后的效果就会越显著。根据表 10-9 的计算结果，第 25 集水区 20 个地块采用"海绵城市"技术建设的优先顺序是 6>7>8>10>17>11>1>12>…>0。结合各地块在应用 LID 技术时实际的可操作性和经济性原则，因第 18 地块和第 19 地块的地下蓄水池建设费用较高、后期维护管理较为麻烦，第 7 地块村庄建筑密度过大，第 17 地块"世纪花园"为 2016 年新建成的住宅小区，绿化率等指标符合"海绵城市"的建设要求，所以建议第 7、第 17、第 18、第 19 等地块的 LID 建设时序推后。最终，第 25 集水区采用"海绵城市"技术建设时，排名靠前的 4 个地块分别是第 6 地块、第 8 地块、第 10 地块、第 11 地块。

表 10-9　第 25 集水区低影响贡献指数计算结果

地块	周长/m	面积周长比	坡度/弧度	土壤导水率/(m/d)	土壤层深度/cm	不透水面积率/%	LID 贡献指数	指数排序
0	876.06	13.48	1.0×10^{-4}	2.0	150	0	1.50	20
1	2845.47	15.58	2.7×10^{-3}	2.0	150	100	6.55	7
2	58.21	3.35	1.0×10^{-4}	2.0	150	100	1.72	18
3	98.74	5.86	1.0×10^{-4}	2.0	150	100	2.28	17
4	85.81	2.85	1.0×10^{-4}	2.0	150	100	1.56	19
5	2257.85	19.61	1.1×10^{-3}	2.0	150	100	5.88	10
6	1319.75	77.68	6.2×10^{-3}	2.0	150	80	8.40	1
7	1835.34	58.87	7.1×10^{-3}	2.0	150	80	8.26	2
8	796.44	48.80	7.0×10^{-3}	2.0	150	80	8.06	3
9	1742.15	13.83	1.0×10^{-3}	2.0	150	100	5.44	11
10	243.13	10.21	1.7×10^{-2}	2.0	150	100	7.97	4
11	207.45	10.63	6.2×10^{-3}	2.0	150	100	7.00	6
12	1037.86	14.25	2.6×10^{-3}	2.0	150	100	6.43	8
13	143.74	6.88	1.5×10^{-3}	2.0	150	100	5.15	14
14	119.20	7.14	1.0×10^{-4}	2.0	150	100	2.48	16
15	207.39	12.67	1.0×10^{-4}	2.0	150	100	3.05	15
16	1102.71	23.48	1.1×10^{-3}	2.0	150	70	5.28	13
17	1103.26	68.38	4.9×10^{-3}	2.0	150	70	7.84	5
18	430.48	16.84	1.6×10^{-3}	2.0	150	70	5.32	12
19	201.30	10.86	6.0×10^{-3}	2.0	150	70	6.20	9

第八节　"海绵城市"雨水收集管理系统

　　笔者在此以第 25 集水区为例,对"海绵城市"雨水收集管理系统进行简要图示。图 10-28 与图 10-29 所示分别是传统雨水收集管理系统与"海绵城市"雨水收集管理系统的示意图。

图 10-28　传统雨水收集管理系统

图 10-29　"海绵城市"雨水收集管理系统

第九节　其他集水区的"海绵城市"规划结果

在本研究中,对 38 个集水区的"海绵城市"专项规划结果按地块顺序(参见图 10-10),分别按照"第 n 号集水区的土地利用类型统计""第 n 号集水区的提取与调蓄控制容积计算结果""第 n 号集水区的高清影像图(图中含等高线)"及"第 n 号集水区的技术选择与实际可调蓄容积"的顺序来依次展示。

一、第 0 号集水区

第 0 号集水区的土地利用类型统计及提取与调蓄控制容积计算结果分别如表 10-10 和表 10-11 所示,第 0 号集水区的高清影像如图 10-30 所示,第 0 号集水区的技术选择与实际可调蓄容积如表 10-12 所示。

表 10-10　第 0 号集水区的土地利用类型统计

地块	面积/m²	地貌	地块	面积/m²	地貌
1	6767.6	绿地	9	794.1	绿地
2	2372.5	绿地	10	37979.1	建筑用地
3	2326.0	绿地	11	2093.5	建筑用地
4	835.9	绿地	12	15019.5	建筑用地
5	937.8	绿地	13	3624.4	建筑用地
6	3652.5	绿地	14	14489.7	透水路面
7	17267.2	绿地	15	18880.1	道路
8	738.0	绿地	16	63077.6	空地

表 10-11　第 0 号集水区的提取与调蓄控制容积计算结果

地块类型	面积/m²	径流系数(ψ)
绿地	35691.6	0.15
建筑用地	58716.6	0.9
透水路面	14489.7	0.4
道路	18880.1	0.9
空地	63077.6	0.15
总面积/m²	190855.6	
平均径流系数	0.47	
年径流总量控制率/%	80	
设计降雨量/mm	33.6	
调蓄控制容积/m³	3039.1	

图 10-30 第 0 号集水区的高清影像图

表 10-12 第 0 号集水区的技术选择与实际可调蓄容积

序号	地块类型	面积/m²	有效面积/m²	技术选择	实际可调蓄容积/m³
1	绿地	35691.6	25271.5	下沉式绿地(0.1 m)	$V_1 = 2527.2$
2	建筑用地	58716.6	0	—	$V_2 = 0$
3	透水路面	14489.7	14489.7	透水路面	$V_3 = 0$
4	道路	18880.1	0	—	$V_4 = 0$
5	空地	63077.6	6307.7	雨水湿地(0.2 m)	$V_5 = 1261.5$
总调蓄容积/m³			$V_总 = 3788.7 > 3039.1$		

注:(1)V_1、V_2、V_3、V_4、V_5分别为绿地、建筑用地、透水路面、道路、空地的实际可调蓄容积。

(2)$V_总 = V_1 + V_2 + V_3 + V_4 + V_5$。

二、第 1 号集水区

第 1 号集水区的土地利用类型统计及提取与调蓄控制容积计算结果分别如表 10-13 和表 10-14 所示,第 1 号集水区的高清影像如图 10-31 所示,第 1 号集水区的技术选择与实际可调蓄容积如表 10-15 所示。

表 10-13　第 1 号集水区的土地利用类型统计

地块	面积/m²	地貌	地块	面积/m²	地貌
0	27796.3	道路	30	1661.5	透水铺装
1	2253.1	道路	31	630.3	绿地
2	11611.2	道路	32	1667.7	绿地
3	5893.7	道路	33	1329.9	绿地
4	8634.9	道路	34	783.1	绿地
5	8024.8	道路	35	4070.0	绿地
6	39404.3	道路	36	4328.9	绿地
7	7448.5	道路	37	27050.9	绿地
8	4564.2	道路	38	3245.8	绿地
9	5358.0	道路	39	23380.9	绿地
10	5702.0	道路	40	14875.0	绿地
11	41184.8	厂房	41	5125.1	绿地
12	6231.3	厂房	42	5529.6	绿地
13	3354.1	厂房	43	1631.8	绿地
14	43883.6	村庄	44	533.6	绿地
15	33207.4	透水铺装	45	4526.0	绿地
16	14416.4	透水铺装	46	6771.8	绿地
17	38489.1	公用建筑	47	7525.5	绿地
18	3169.1	公用建筑	48	3718.2	绿地
19	4320.6	公用建筑	49	4414.8	绿地
20	4503.8	公用建筑	50	7576.3	绿地

续表

地块	面积/m²	地貌	地块	面积/m²	地貌
21	1925.5	公用建筑	51	107294.7	建筑小区
22	48180.6	公用建筑	52	20486.6	建筑小区
23	10123.4	公用建筑	53	76603.1	建筑小区
24	12753.5	公用建筑	54	78455.2	建筑小区
25	26026.2	公用建筑	55	4961.1	建筑小区
26	780.0	公用建筑	56	264.8	建筑小区
27	3854.0	透水铺装	57	4443.6	绿地
28	4410.7	透水铺装	58	87269.1	空地
29	8093.5	透水铺装	—	—	—

表 10-14 第 1 号集水区的提取与调蓄控制容积计算结果

地块类型	面积/m²	径流系数(ψ)
道路	126691.1	0.9
厂房	50770.3	0.85
村庄	43883.6	0.6
公用建筑	150271.9	0.9
透水铺装	65643.5	0.45
绿地	133158.8	0.15
建筑小区	288065.5	0.4
空地	87269.1	0.2
总面积/m²	945753.7	
平均径流系数	0.53	
年径流总量控制率/%	75	
设计降雨量/mm	27.4	
调蓄控制容积/m³	13725.9	

图 10-31　第 1 号集水区的高清影像

表 10-15　第 1 号集水区的技术选择与实际可调蓄容积

序号	地块类型	面积/m²	有效面积/m²	技术选择	实际可调蓄容积/m³
1	道路	126691.1	0	—	$V_1=0$
2	厂房	50770.3	—	—	$V_2=0$
3	村庄	43883.6	—	植草沟	$V_3=0$
4	公用建筑	150271.9	—	绿色屋顶	$V_4=0$
5	透水铺装	65643.5	—	—	$V_5=0$
6	绿地	133158.8	133158.8	下沉式绿地	$V_6=13315.9$
7	建筑小区	288065.5	—	植草沟	$V_7=0$
8	空地	87269.1	87269.1	雨水湿地	$V_8=17453.8$
总调蓄容积/m³		$V_总=30769.7>13725.9$			

注:(1)V_1、V_2、V_3、V_4、V_5、V_6、V_7、V_8 分别为道路、厂房、村庄、公用建筑、透水铺装、绿地、建筑小区、空地的实际可调蓄容积。

(2)$V_总=V_1+V_2+V_3+V_4+V_5+V_6+V_7+V_8$。

三、第2号集水区

第2号集水区的土地利用类型统计及提取与调蓄控制容积计算结果分别如表10-16和表10-17所示,第2号集水区的高清影像如图10-32所示,第2号集水区的技术选择与实际可调蓄容积如表10-18所示。

表10-16　第2号集水区的土地利用类型统计

地块	面积/m²	地貌	地块	面积/m²	地貌
0	20197.2	道路	22	2962.3	绿地
1	7966.0	道路	23	3780.9	绿地
2	12619.6	道路	24	5416.0	绿地
3	7669.8	道路	25	1734.9	绿地
4	4776.4	道路	26	11102.4	绿地
5	43507.2	厂房	27	3377.0	绿地
6	20608.9	厂房	28	249.6	绿地
7	13354.4	厂房	29	422.1	绿地
8	50169.3	小区	30	1898.0	绿地
9	121222.2	小区	31	810.4	绿地
10	14087.9	小区	32	1081.8	绿地
11	22130.5	建筑	33	2522.1	绿地
12	34282.8	建筑	34	979.3	绿地
13	15862.5	建筑	35	852.0	绿地
14	10306.8	建筑	36	1581.0	绿地
15	53005.0	建筑	37	697.6	绿地
16	67010.0	建筑	38	9461.7	绿地
17	537.9	绿地	39	1878.7	绿地
18	1166.7	绿地	40	507.9	绿地
19	9455.3	绿地	41	505.3	绿地
20	3287.5	绿地	42	4534.1	绿地
21	3558.5	绿地	—	—	绿地

表 10-17　第 2 号集水区的提取与调蓄控制容积计算结果

地块类型	面积/m²	径流系数(ψ)
建筑	202597.5	0.9
绿地	74361.0	0.15
道路	53228.9	0.9
厂房	77470.5	0.8
小区	185479.4	0.7
总面积/m²	593137.3	
平均径流系数	0.73	
年径流总量控制率/%	70	
设计降雨量/mm	22.9	
调蓄控制容积/m³	9920.5	

图 10-32　第 2 号集水区的高清影像

表 10-18 第 2 号集水区的技术选择与实际可调蓄容积

序号	地块类型	面积/m²	有效面积/m²	技术选择	实际可调蓄容积/m³
1	建筑	202597.5	—	—	$V_1=0$
2	绿地	74361.02	7436.1	下沉式绿地	$V_2=7436.1$
3	道路	53228.92	—	—	$V_3=0$
4	厂房	77470.47	1000.0	蓄水池	$V_4=1000.0$
5	小区	185479.4	1500.0	湿塘	$V_5=1500.0$
总调蓄容积/m³			$V_总=9936.1>9920.5$		

注:(1)V_1、V_2、V_3、V_4、V_5 分别为建筑、绿地、道路、厂房、小区的实际可调蓄容积。

(2)$V_总=V_1+V_2+V_3+V_4+V_5$。

四、第 3 号集水区

第 3 号集水区的土地利用类型统计及提取与调蓄控制容积计算结果分别如表 10-19 和表 10-20 所示,第 3 号集水区的高清影像如图 10-33 所示,第 3 号集水区的技术选择与实际可调蓄容积如表 10-21 所示。

表 10-19 第 3 号集水区的土地利用类型统计

地块	面积/m²	地貌	地块	面积/m²	地貌
0	20238.92	道路	9	1377.60	绿地
1	9683.82	道路	10	5126.56	绿地
2	33829.63	建筑用地	11	373.52	绿地
3	22804.16	建筑用地	12	3081.02	绿地
4	13834.77	建筑用地	13	933.93	绿地
5	11578.44	建筑用地	14	2228.86	绿地
6	85015.32	建筑用地	15	8619.96	绿地
7	8550.77	道路	16	10083.48	绿地
8	11069.12	绿地	—	—	—

表 10-20　第 3 号集水区的提取与调蓄控制容积计算结果

地块类型	总面积/m²	径流系数(ψ)
道路	29922.74	0.9
建筑用地	167062.3	0.8
绿地	51444.84	0.15
总面积/m²	248429.9	
平均径流系数	0.68	
年径流总量控制率/%	70%	
设计降雨量/mm	22.9	
调蓄控制容积/m³	3854.0	

图 10-33　第 3 号集水区的高清影像

表 10-21　第 3 号集水区的技术选择与实际可调蓄容积

序号	地块类型	面积/m²	有效面积/m²	技术选择	实际可调蓄容积/m³
1	道路	29922.7	—	—	$V_1 = 0$
2	建筑用地	167062.3	100.0	蓄水池	$V_2 = 100.0$
3	绿地	51444.8	51444.8	下沉式绿地	$V_3 = 5144.5$

续表

序号	地块类型	面积/m²	有效面积/m²	技术选择	实际可调蓄容积/m³
总调蓄容积/m³		$V_总 = 5244.5 > 3854.0$			

注:(1)V_1、V_2、V_3 分别为道路、建筑用地、绿地的实际可调蓄容积。

(2)$V_总 = V_1 + V_2 + V_3$。

五、第 4 号集水区

第 4 号集水区的土地利用类型统计及提取与调蓄控制容积计算结果分别如表 10-22 和表 10-23 所示,第 4 号集水区的高清影像如图 10-34 所示,第 4 号集水区的技术选择与实际可调蓄容积如表 10-24 所示。

表 10-22 第 4 号集水区的土地利用类型统计

地块	面积/m²	地貌	地块	面积/m²	地貌
0	36621.8	道路	6	17674.8	水塘
1	7105.8	道路	7	71036.5	空地
2	2637.4	道路	8	12045.1	绿地
3	65123.0	建筑用地	9	13316.1	绿地
4	13096.7	建筑用地	10	3522.1	绿地
5	46927.3	建筑用地	11	14193.3	空地

表 10-23 第 4 号集水区的提取与调蓄控制容积计算结果

地块类型	面积/m²	径流系数(ψ)
道路	46365.1	0.9
建筑用地	125147.0	0.9
水塘	17674.8	1
空地	85230.4	0.4
绿地	28883.2	0.15
总面积/m²	303300.6	

续表

地块类型	面积/m²	径流系数(ψ)
平均径流系数	0.69	
年径流总量控制率/%	70	
设计降雨量/mm	22.9	
调蓄控制容积/m³	4819.5	

图 10-34 第 4 号集水区的高清影像

表 10-24　第 4 号集水区的技术选择与实际可调蓄容积

序号	地块类型	面积/m²	有效面积/m²	技术选择	实际可调蓄容积/m³
1	道路	46365.1	—	—	$V_1=0$
2	建筑用地	125147.0	—	—	$V_2=0$
3	水塘	17674.8	—	—	$V_3=0$
4	空地	85230.4	8523.0	雨水湿地	$V_4=4261.5$
5	绿地	28883.2	28883.2	下沉式绿地	$V_5=2888.3$
总调蓄容积/m³			$V_{总}=7149.8>4819.5$		

注:(1)V_1、V_2、V_3、V_4、V_5分别为道路、建筑用地、水塘、绿地、空地的实际可调蓄容积。

　　 (2)$V_{总}=V_1+V_2+V_3+V_4+V_5$。

六、第 5 号集水区

第 5 号集水区的土地利用类型统计及提取与调蓄控制容积计算结果分别如表 10-25 和表 10-26 所示,第 5 号集水区的高清影像如图 10-35 所示,第 5 号集水区的技术选择与实际可调蓄容积如表 10-27 所示。

表 10-25　第 5 号集水区的土地利用类型统计

地块	面积/m²	地貌	地块	面积/m²	地貌
0	20076.0	道路	9	108416.2	湿地公园
1	44234.5	道路	10	54292.5	湿地公园
2	18425.8	道路	11	98853.0	湿地公园
3	8755.4	道路	12	10497.6	绿地
4	11174.9	道路	13	30030.2	绿地
5	41585.1	建筑用地	14	19115.3	绿地
6	71183.3	空地	15	7857.3	绿地
7	7229.6	水塘	16	362.6	绿地
8	7524.8	水塘	—	—	—

表 10-26　第 5 号集水区的提取与调蓄控制容积计算结果

地块类型	面积/m²	径流系数(ψ)
道路	102666.6	0.9
建筑用地	41585.1	0.6

续表

地块类型	面积/m²	径流系数(ψ)
空地	71183.3	0.3
水塘	14754.4	1
湿地公园	261561.7	0.3
绿地	67863.0	0.15
总面积/m²	559614.1	
平均径流系数	0.43	
年径流总量控制率/%	80	
设计降雨量/mm	33.6	
调蓄控制容积/m³	8134.8	

图 10-35　第 5 号集水区的高清影像

表 10-27　第 5 号集水区的技术选择与实际可调蓄容积

序号	地块类型	面积/m²	有效面积/m²	技术选择	实际可调蓄容积/m³
1	道路	102666.6	—	—	$V_1=0$
2	建筑用地	41585.1	—	绿色屋顶	$V_2=0$
3	空地	71183.3	35591.6	湿地公园	$V_3=7118.3$
4	水塘	14754.4	—	—	$V_4=0$
5	湿地公园	261561.7	54292.5	湿塘	$V_5=10858.6$
6	绿地	67863.0	67863.0	下沉式绿地	$V_6=6786.3$
总调蓄容积/m³		$V_总=24763.2>8134.8$			

注:(1)V_1、V_2、V_3、V_4、V_5、V_6 分别为道路、建筑用地、空地、水塘、湿地公园、绿地的实际可调蓄容积。

(2)$V_总=V_1+V_2+V_3+V_4+V_5+V_6$。

七、第 6 号集水区

第 6 号集水区的土地利用类型统计及提取与调蓄控制容积计算结果分别如表 10-28 和表 10-29 所示,第 6 号集水区的高清影像如图 10-36 所示,第 6 号集水区的技术选择与实际可调蓄容积如表 10-30 所示。

表 10-28　第 6 号集水区的土地利用类型统计

地块	面积/m²	地貌	地块	面积/m²	地貌
0	7959.1	道路	16	19742.3	绿地
1	6033.7	道路	17	9700.5	绿地
2	25391.3	道路	18	6180.8	绿地
3	8248.9	道路	19	602.0	绿地
4	2122.3	道路	20	2404.3	水塘
5	6361.8	道路	21	1112.9	透水铺装
6	11112.6	道路	22	7875.4	透水铺装
7	696844.3	湿地	23	2759.1	透水铺装
8	20747.3	绿地	24	8206.4	透水铺装
9	901.4	绿地	25	623.7	透水铺装

续表

地块	面积/m²	地貌	地块	面积/m²	地貌
10	124081.3	绿地	26	3788.1	透水铺装
11	1726.3	绿地	27	493.1	透水铺装
12	843.3	绿地	28	188.6	透水铺装
13	316.8	绿地	29	2105.0	透水铺装
14	13951.1	绿地	30	72.9	透水铺装
15	6343.3	绿地	31	68778.5	厂房

表 10-29　第 6 号集水区的提取与调蓄控制容积计算结果

地块类型	面积/m²	径流系数（ψ）
道路	67229.8	0.9
湿地	696844.3	0.15
绿地	205136.3	0.15
水塘	2404.3	1
透水铺装	27225.2	0.45
厂房	68778.5	0.5
总面积/m²	1067618.0	
平均径流系数	0.23	
年径流总量控制率/%	85	
设计降雨量/mm	42.2	
调蓄控制容积/m³	10332.6	

图 10-36　第 6 号集水区的高清影像

表 10-30　第 6 号集水区的技术选择与实际可调蓄容积

序号	地块类型	面积/m²	有效面积/m²	技术选择	实际可调蓄容积/m³
1	道路	67229.8	—	—	$V_1=0$
2	湿地	696844.3	—	—	$V_2=0$
3	绿地	205136.3	205136.3	生物滞留设施	$V_3=20513.6$
4	水塘	2404.3	—	—	$V_4=0$
5	透水铺装	27225.2	—	—	$V_5=0$
6	厂房	68778.5	—	绿色屋顶	$V_6=0$
总调蓄容积/m³		$V_总=20513.6>10332.6$			

注：(1)V_1、V_2、V_3、V_4、V_5、V_6分别为道路、湿地、绿地、水塘、透水铺装、厂房的实际可调蓄容积。

(2)$V_总=V_1+V_2+V_3+V_4+V_5+V_6$。

八、第 7 号集水区

第 7 号集水区的土地利用类型统计及提取与调蓄控制容积计算结果分别如表 10-31 和表 10-32 所示，第 7 号集水区的高清影像如图 10-37 所示，第 7 号集水区的技术选择与实际可调蓄容积如表 10-33 所示。

表 10-31　第 7 号集水区的土地利用类型统计

地块	面积/m²	地貌	地块	面积/m²	地貌
0	68147.1	道路	11	42138.0	建筑小区
1	4433.8	道路	12	37534.3	建筑小区
2	9750.9	道路	13	1455.3	绿地
3	130185.9	空地	14	1201.7	绿地
4	18726.2	空地	15	1714.8	绿地
5	43355.9	建筑用地	16	19399.2	绿地
6	5405.1	建筑用地	17	3091.0	绿地
7	6717.9	建筑用地	18	20217.8	绿地
8	17906.7	建筑用地	19	1308.8	绿地
9	39876.9	建筑用地	20	1667.3	绿地
10	127238.8	建筑小区	21	598.9	绿地

表 10-32　第 7 号集水区的提取与调蓄控制容积计算结果

地块类型	面积/m²	径流系数(ψ)
绿地	50654.9	0.15
建筑用地	113262.6	0.8
建筑小区	206911.0	0.5
道路	82331.8	0.9
空地	148912.0	0.3
总面积/m²	602072.3	
平均径流系数	0.53	
年径流总量控制率/%	70	
设计降雨量/mm	22.9	
调蓄控制容积/m³	7338.0	

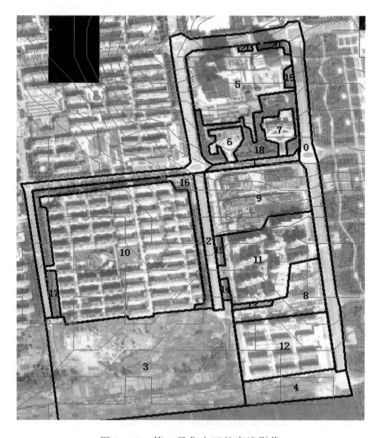

图 10-37　第 7 号集水区的高清影像

表 10-33　第 7 号集水区的技术选择与实际可调蓄容积

序号	地块类型	面积/m²	有效面积/m²	技术选择	实际可调蓄容积/m³
1	绿地	50654.9	30654.9	下沉式绿地	$V_1=3065.5$
2	建筑用地	113262.6	—	绿色屋顶	$V_2=0$
3	建筑小区	206911.0	100.0	蓄水池	$V_3=100.0$
4	道路	82331.8	—	—	$V_4=0$
5	空地	148912.0	148912.0	雨水湿地公园	$V_5=14891.2$
总调蓄容积/m³			$V_总=18056.7>7338.0$		

注:(1)V_1、V_2、V_3、V_4、V_5 分别为绿地、建筑用地、建筑小区、道路、空地的实际可调蓄容积。

(2)$V_总=V_1+V_2+V_3+V_4+V_5$。

九、第 8 号集水区

第 8 号集水区的土地利用类型统计及提取与调蓄控制容积计算结果分别如表 10-34 和表 10-35 所示,第 8 号集水区的高清影像如图 10-38 所示,第 8 号集水区的技术选择与实际可调蓄容积如表 10-36 所示。

表 10-34　第 8 号集水区的土地利用类型统计

地块	面积/m²	地貌	地块	面积/m²	地貌
0	23075.6	道路	28	64633.4	建筑小区
1	6547.4	道路	29	5415.3	建筑用地
2	13974.3	道路	30	109559.3	建筑用地
3	12495.8	道路	31	11117.3	建筑用地
4	7464.2	道路	32	50130.0	建筑用地
5	1300.0	道路	33	1453.0	绿地
6	1478.8	道路	34	869.0	绿地
7	2413.5	道路	35	672.9	绿地
8	1167.4	道路	36	3596.6	绿地
9	3204.9	道路	37	67.4	绿地
10	3409.8	道路	38	250.4	绿地

续表

地块	面积/m²	地貌	地块	面积/m²	地貌
11	3953.6	道路	39	4486.4	绿地
12	4033.4	道路	40	1607.9	绿地
13	2925.3	道路	41	614.7	绿地
14	687.8	道路	42	5720.9	绿地
15	960.1	道路	43	48.0	绿地
16	529.7	道路	44	923.8	绿地
17	75312.7	空地	45	6705.4	绿地
18	33471.6	空地	46	4793.3	绿地
19	75974.6	空地	47	1072.3	绿地
20	12269.1	河流	48	2173.5	绿地
21	28486.9	河流	49	1600.5	绿地
22	57253.7	建筑小区	50	169.4	绿地
23	34939.4	建筑小区	51	357.9	绿地
24	20657.6	建筑小区	52	2062.5	绿地
25	37184.2	建筑小区	53	116.0	绿地
26	36727.0	建筑小区	54	5291.4	绿地
27	77914.5	建筑小区	55	9239.4	道路

表 10-35　第 8 号集水区的提取与调蓄控制容积计算结果

地块类型	面积/m²	径流系数(ψ)
道路	98860.7	0.9
空地	184758.9	0.2
河流	40756.1	1
建筑小区	329309.7	0.5
建筑用地	176221.8	0.8
绿地	44653.5	0.15
总面积/m²	874560.6	
平均径流系数	0.55	

续表

地块类型	面积/m²	径流系数(ψ)
年径流总量控制率/%	75	
设计降雨量/mm	27.4	
调蓄控制容积/m³	13125.0	

图 10-38　第 8 号集水区的高清影像

表 10-36　第 8 号集水区的技术选择与实际可调蓄容积

序号	地块类型	面积/m²	有效面积/m²	技术选择	实际可调蓄容积/m³
1	道路	98860.7	—	—	$V_1 = 0$
2	空地	184758.9	92379.4	雨水湿地	$V_2 = 9237.9$
3	河流	40756.1	—	—	$V_3 = 0$
4	建筑小区	329309.7	600.0	蓄水池	$V_4 = 600.0$
5	建筑用地	176221.8	—	绿色屋顶	$V_5 = 0$
6	绿地	44653.5	14884.5	下沉式绿地	$V_6 = 1488.4$
总调蓄容积/m³		$V_总 = 11326.3 > 13125.0$			

注：(1)V_1、V_2、V_3、V_4、V_5、V_6分别为道路、空地、河流、建筑小区、建筑用地、绿地的实际
可调蓄容积。

(2)$V_总 = V_1 + V_2 + V_3 + V_4 + V_5 + V_6$。

十、第 9 号集水区

第 9 号集水区的土地利用类型统计及提取与调蓄控制容积计算结果分别
如表 10-37 和表 10-38 所示,第 9 号集水区的高清影像如图 10-39 所示,第 9 号
集水区的技术选择与实际可调蓄容积如表 10-39 所示。

表 10-37　第 9 号集水区的土地利用类型统计

地块	面积/m²	地貌	地块	面积/m²	地貌
0	6297.6	绿地	10	108913.0	村庄
1	11764.5	绿地	11	91816.7	建筑用地
2	3400.8	绿地	12	382.4	建筑用地
3	4011.7	绿地	13	15519.9	建筑用地
4	2357.1	绿地	14	85011.2	空地
5	8788.7	绿地	15	2529.5	透水铺装
6	6035.3	道路	16	1971.8	透水铺装
7	21388.9	道路	17	331.4	透水铺装
8	5620.2	道路	18	13896.0	透水铺装
9	693.6	道路	—	—	—

表 10-38　第 9 号集水区的提取与调蓄控制容积计算结果

总地块	总面积/m²	径流系数(ψ)
绿地	36620.5	0.15
道路	33737.9	0.9
村庄	108913.0	0.5
建筑用地	107719.1	0.8
空地	85011.2	0.2
透水铺装	18728.7	0.45
总面积/m²	390730.3	
平均径流系数	0.52	
年径流总量控制率/%	75	
设计降雨量/mm	27.4	
调蓄控制容积/m³	5532.6	

图 10-39 第 9 号集水区的高清影像

表 10-39 第 9 号集水区的技术选择与实际可调蓄容积

序号	地块类型	面积/m²	有效面积/m²	技术选择	实际可调蓄容积/m³
1	绿地	36620.5	36620.52	下沉式绿地	$V_1 = 3662.0$
2	道路	33737.9	—	—	$V_2 = 0$
3	村庄	108913.0	—	植草沟	$V_3 = 0$
4	建筑用地	107719.1	15519.9	绿色屋顶	$V_4 = 0$
5	空地	85011.2	85011.2	雨水湿地	$V_5 = 8501.1$
6	透水铺装	18728.7	—	—	$V_6 = 0$
总调蓄容积/m³		$V_总 = 12163.1 > 5532.6$			

注:(1)V_1、V_2、V_3、V_4、V_5、V_6 分别为绿地、道路、村庄、建筑用地、空地、透水铺装的实际可调蓄容积。

(2)$V_总 = V_1 + V_2 + V_3 + V_4 + V_5 + V_6$。

十一、第 10 号集水区

第 10 号集水区的土地利用类型统计及提取与调蓄控制容积计算结果分别如表 10-40 和表 10-41 所示,第 10 号集水区的高清影像如图 10-40 所示,第 10 号集水区的技术选择与实际可调蓄容积如表 10-42 所示。

表 10-40　第 10 号集水区的土地利用类型统计

地块	面积/m²	地貌	地块	面积/m²	地貌
0	42472.3	绿地	27	9624.6	建筑用地
1	1430.0	绿地	28	12610.0	透水铺装
2	4646.9	绿地	29	43058.1	空地
3	358.6	绿地	30	7302.3	空地
4	480.2	绿地	31	18122.1	河道
5	414.5	绿地	32	18460.7	道路
6	2157.1	绿地	33	15494.8	道路
7	6442.2	绿地	34	73208.3	居民小区
8	17768.4	绿地	35	47743.8	居民小区
9	395.4	绿地	36	3386.2	建筑用地
10	226.1	绿地	37	10277.9	建筑用地
11	2260.5	绿地	38	662.8	绿地
12	1105.9	绿地	39	2497.1	绿地
13	1036.5	绿地	40	9100.9	绿地
14	2764.9	绿地	41	10028.8	绿地
15	12446.9	绿地	42	715.8	绿地
16	5749.1	绿地	43	1111.6	绿地
17	646.7	绿地	44	402.5	绿地
18	728.9	绿地	45	22.8	绿地
19	600.8	绿地	46	25.8	绿地

续表

地块	面积/m²	地貌	地块	面积/m²	地貌
20	125999.7	村庄	47	57.6	绿地
21	154883.7	厂房	48	8158.8	透水铺装
22	56769.6	建筑用地	49	1949.2	透水铺装
23	29493.9	建筑用地	50	1956.8	透水铺装
24	213.6	建筑用地	51	3963.2	透水铺装
25	6068.2	建筑用地	52	410.1	透水铺装
26	1087.2	建筑用地	53	2899.9	透水铺装

表 10-41 第 10 号集水区的提取与调蓄控制容积计算结果

地块类型	总面积/m²	径流系数(ψ)
绿地	128757.6	0.15
建筑用地	116921.1	0.9
厂房	154883.7	0.9
村庄	125999.7	0.5
透水铺装	31948.1	0.3
空地	50360.4	0.2
河道	18122.1	1
道路	33955.5	0.9
建筑小区	120952.1	0.3
总面积/m²	781900.3	
平均径流系数	0.55	
年径流总量控制率/%	75	
设计降雨量/mm	27.4	
调蓄控制容积/m³	11824.8	

图 10-40　第 10 号集水区的高清影像

表 10-42　第 10 号集水区的技术选择与实际可调蓄容积

序号	地块类型	面积/m²	有效面积/m²	技术选择	实际可调蓄容积/m³
1	绿地	128757.6	25751.4	下沉式绿地	$V_1=2575.1$
2	建筑用地	116921.1	—	绿色屋顶	$V_2=0$
3	厂房	154883.7	100.0	蓄水池绿色屋顶	$V_3=100.0$
4	村庄	125999.7	—	植草沟	$V_4=0$
5	透水铺装	31948.1	—	—	$V_5=0$
6	空地	50360.4	5036.0	雨水湿地	$V_6=10072.0$
7	河道	18122.1	—	—	$V_7=0$
8	道路	33955.5	—	—	$V_8=0$
9	建筑小区	120952.1	200.0	蓄水池	$V_9=200.0$
总调蓄容积/m³			$V_总=12947.1>11824.8$		

注:(1)V_1、V_2、V_3、V_4、V_5、V_6、V_7、V_8、V_9 分别为绿地、建筑用地、厂房、村庄、透水铺装、空地、河道、道路、建筑小区的实际可调蓄容积。

(2)$V_总=V_1+V_2+V_3+V_4+V_5+V_6+V_7+V_8+V_9$。

十二、第 11 号集水区

第 11 号集水区的土地利用类型统计及提取与调蓄控制容积计算结果分别如表 10-43 和表 10-44 所示,第 11 号集水区的高清影像如图 10-41 所示,第11 号集水区的技术选择与实际可调蓄容积如表 10-45 所示。

表 10-43 第 11 号集水区的土地利用类型统计

地块	面积/m²	地貌	地块	面积/m²	地貌
0	6811.6	绿地	6	6866.8	建筑用地
1	2534.8	绿地	7	4758.8	透水铺装
2	973.3	绿地	8	6823.2	透水铺装
3	536.7	绿地	9	4952.8	透水铺装
4	320.3	绿地	10	4324.4	道路
5	33913.5	建筑用地	—	—	—

表 10-44 第 11 号集水区的提取与调蓄控制容积计算结果

地块类型	面积/m²	径流系数(ψ)
绿地	11176.7	0.15
建筑用地	40780.2	0.8
透水铺装	16534.9	0.45
道路	4324.4	0.9
总面积/m²	72816.2	
平均径流系数	0.63	
年径流总量控制率/%	70	
设计降雨量/mm	22.9	
调蓄控制容积/m³	1045.0	

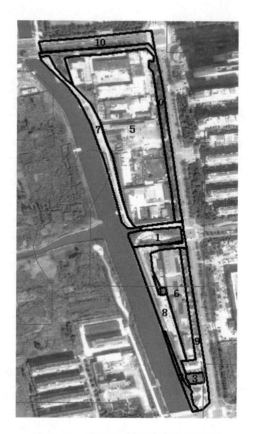

图 10-41　第 11 号集水区的高清影像

表 10-45　第 11 号集水区的技术选择与实际可调蓄容积

序号	地块类型	面积/m²	有效面积/m²	技术选择	实际可调蓄容积/m³
1	绿地	11176.7	11176.7	下沉式绿地	$V_1 = 1117.6$
2	建筑用地	40780.2	100.0	蓄水池 绿色屋顶	$V_2 = 100.0$
3	透水铺装	16534.9	—	—	$V_3 = 0$
4	道路	4324.4	—	—	$V_4 = 0$
总调蓄容积/m³		$V_总 = 1217.6 > 1045.0$			

注：(1)V_1、V_2、V_3、V_4 分别为绿地、建筑用地、透水铺装、道路的实际可调蓄容积。

　　(2)$V_总 = V_1 + V_2 + V_3 + V_4$。

十三、第 12 号集水区

第 12 号集水区的土地利用类型统计及提取与调蓄控制容积计算结果分别如表 10-46 和表 10-47 所示,第 12 号集水区的高清影像如图 10-42 所示,第 12 号集水区的技术选择与实际可调蓄容积如表 10-48 所示。

表 10-46　第 12 号集水区的土地利用类型统计

地块	面积/m²	地貌	地块	面积/m²	地貌
0	11492.1	绿地	13	15316.6	建筑用地
1	892.0	绿地	14	6525.2	建筑用地
2	17847.3	绿地	15	97785.0	小区
3	933.3	绿地	16	40802.6	河道
4	904.4	绿地	17	75010.4	空地
5	565.5	绿地	18	151400.1	空地
6	2200.4	绿地	19	5523.3	建筑用地
7	22866.5	绿地	20	34949.7	道路
8	3692.9	绿地	21	2328.6	绿地
9	143117.8	小区	22	1991.2	绿地
10	114765.2	小区	23	1805.6	绿地
11	9242.5	建筑用地	24	2071.3	绿地
12	31730.8	建筑用地	25	1011.4	道路

表 10-47　第 12 号集水区的提取与调蓄控制容积计算结果

地块类型	面积/m²	径流系数(ψ)
绿地	69591.0	0.15
建筑小区	355667.9	0.4
建筑用地	68338.3	0.8
河道	40802.6	1
空地	226410.5	0.2
道路	35961.1	0.9

续表

地块类型	面积/m²	径流系数(ψ)
总面积/m²	796771.4	
平均径流系数	0.41	
年径流总量控制率/%	80	
设计降雨量/mm	33.6	
调蓄控制容积/m³	10947.8	

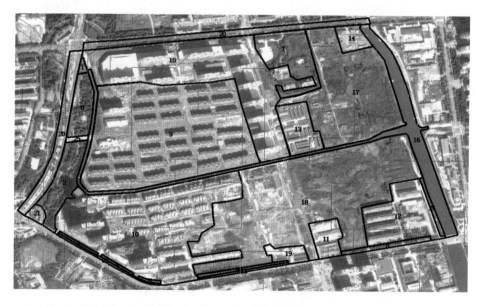

图 10-42　第 12 号集水区的高清影像

表 10-48　第 12 号集水区的技术选择与实际可调蓄容积

序号	地块类型	面积/m²	有效面积/m²	技术选择	实际可调蓄容积/m³
1	绿地	69591.0	52205.9＋17385.1	雨水湿地、下沉式绿地	$V_1 = 10441.2＋1738.5$
2	建筑小区	355667.9	200.0	蓄水池	$V_2 = 200.0$
3	建筑用地	68338.3	200.0	蓄水池、绿色屋顶	$V_3 = 200.0$
4	河道	40802.6	—	—	$V_4 = 0$
5	空地	226410.5	100000.0	简易生物滞留设施	$V_5 = 10000.0$
6	道路	35961.1	—	—	$V_6 = 0$

续表

序号	地块类型	面积/m²	有效面积/m²	技术选择	实际可调蓄容积/m³
总调蓄容积/m³		$V_总 = 22579.68 > 10947.8$			

注：(1)V_1、V_2、V_3、V_4、V_5、V_6分别为绿地、建筑小区、建筑用地、河道、空地、道路的实际可调蓄容积。

(2)$V_总 = V_1 + V_2 + V_3 + V_4 + V_5 + V_6$。

十四、第13号集水区

第 13 号集水区的土地利用类型统计及提取与调蓄控制容积计算结果分别如表 10-49 和表 40-50 所示，第 13 号集水区的高清影像如图 10-43 所示，第 13 号集水区的技术选择与实际可调蓄容积如表 10-51 所示。

表 10-49　第 13 号集水区的土地利用类型统计

地块	面积/m²	地貌	地块	面积/m²	地貌
0	70137.7	绿地	9	7777.5	空地
1	37418.2	绿地	10	28934.3	空地
2	24213.0	建筑用地	11	33821.2	空地
3	39240.2	建筑用地	12	7377.8	河道
4	26159.9	建筑用地	13	1822.5	绿地
5	3641.0	建筑用地	14	9700.7	道路
6	39840.6	建筑用地	15	2919.9	道路
7	5956.2	水塘	16	33576.0	道路
8	1072.7	水塘	—	—	—

表 10-50　第 13 号集水区的提取与调蓄控制容积计算结果

地块类型	面积/m²	径流系数(ψ)
绿地	109378.4	0.15
建筑用地	133094.7	0.9
水塘	7028.9	1
空地	70533.0	0.2

续表

地块类型	面积/m²	径流系数(ψ)
河道	7377.8	1
道路	46196.6	0.8
总面积/m²	373609.3	
平均径流系数	0.54	
年径流总量控制率/%	85	
设计降雨量/mm	42.2	
调蓄控制容积/m³	8510.2	

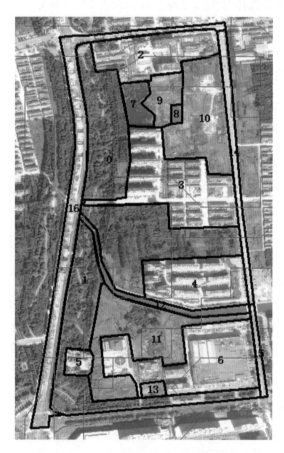

图 10-43　第 13 号集水区的高清影像

表 10-51　第 13 号集水区的技术选择与实际可调蓄容积

序号	地块类型	面积/m²	有效面积/m²	技术选择	实际可调蓄容积/m³
1	绿地	109378.4	10937.8＋5000.0	下沉式绿地、湿塘	$V_1=1093.7+2000.0$
2	建筑用地	133094.7	—	绿色屋顶	$V_2=0$
3	水塘	7028.9	—	—	$V_3=0$
4	空地	70533.0	33821.2	雨水湿地	$V_4=6764.2$
5	河道	7377.8	—	—	$V_5=0$
6	道路	46196.6	—	—	$V_6=0$
总调蓄容积/m³		$V_总=9857.9>8510.2$			

注：(1)V_1、V_2、V_3、V_4、V_5、V_6 分别为绿地、建筑用地、水塘、空地、河道、道路的实际可调蓄容积。

(2)$V_总=V_1+V_2+V_3+V_4+V_5+V_6$。

十五、第 14 号集水区

第 14 号集水区的土地利用类型统计及提取与调蓄控制容积计算结果分别如表 10-52 和表 10-53 所示，第 14 号集水区的高清影像如图 10-44 所示，第 14 号集水区的技术选择与实际可调蓄容积如表 10-54 所示。

表 10-52　第 14 号集水区的土地利用类型统计

地块	面积/m²	地貌	地块	面积/m²	地貌
0	25678.0	河流、水池	27	90567.7	厂房
1	20158.8	河流、水池	28	73573.5	厂房
2	5885.9	河流、水池	29	14849.9	厂房
3	8874.9	河流、水池	30	259297.9	空地
4	3518.0	河流、水池	31	46468.5	空地
5	3570.8	河流、水池	32	6019.3	绿地
6	3104.7	河流、水池	33	9380.2	绿地
7	49703.6	道路	34	23496.7	绿地
8	5323.1	道路	35	66976.7	绿地
9	12815.3	道路	36	11862.6	绿地

续表

地块	面积/m²	地貌	地块	面积/m²	地貌
10	3932.2	道路	37	2762.2	绿地
11	1710.2	道路	38	1186.6	绿地
12	7009.1	道路	39	1152.9	绿地
13	6802.6	道路	40	2629.6	绿地
14	724.9	道路	41	92025.3	绿地
15	3609.4	道路	42	772.8	绿地
16	3932.9	道路	43	427.5	绿地
17	8846.4	道路	44	16329.4	绿地
18	3112.3	道路	45	34581.5	绿地
19	44418.5	厂房	46	15198.3	绿地
20	50205.3	厂房	47	26548.6	绿地
21	50392.2	厂房	48	2313.8	绿地
22	87623.4	厂房	49	215.7	河流、水池
23	87276.7	厂房	50	6195.5	透水铺装
24	54752.4	厂房	51	12250.5	透水铺装
25	64490.3	厂房	52	30984.8	透水铺装
26	75525.4	厂房	—	—	—

表 10-53   第 14 号集水区的提取与调蓄控制容积计算结果

地块类型	面积/m²	径流系数(ψ)
河流、水池	71006.7	1
道路	107522.2	0.85
厂房	693675.4	0.6
空地	305766.4	0.3
绿地	313663.7	0.15
透水铺装	49430.8	0.3
总面积/m²		1541065.2
平均径流系数		0.48

续表

地块类型	面积/m²	径流系数(ψ)
年径流总量控制率/%	80	
设计降雨量/mm	33.6	
调蓄控制容积/m³	24602.4	

图 10-44　第 14 号集水区的高清影像

表 10-54　第 14 号集水区的技术选择与实际可调蓄容积

序号	地块类型	面积/m²	有效面积/m²	技术选择	实际可调蓄容积/m³
1	河流/水池	71006.7	—	—	$V_1=0$
2	道路	107522.2			$V_2=0$
3	厂房	693675.4	—	绿色屋顶	$V_3=0$
4	空地	305766.4	30000.0+ 200000.0	蓄水池、 雨水湿地	$V_4=6000+20000.0$
5	绿地	313663.7	145309.3+ 168353.7	下沉式绿地、简 易生物滞留设施	$V_5=14530.9+16835.3$
6	透水铺装	49430.8			$V_6=0$
总调蓄容积/m³		$V_总=57366.2>24602.4$			

注:(1)V_1、V_2、V_3、V_4、V_5、V_6 分别为河流/水池、道路、厂房、空地、绿地、透水铺装的实际
可调蓄容积。

(2)$V_总=V_1+V_2+V_3+V_4+V_5+V_6$。

十六、第 15 号集水区

第 15 号集水区的土地利用类型统计及提取与调蓄控制容积计算结果分别如表 10-55 和表 10-56 所示,第 15 号集水区的高清影像如图 10-45 所示,第 15 号集水区的技术选择与实际可调蓄容积如表 10-57 所示。

表 10-55　第 15 号集水区的土地利用类型统计

地块	面积/m²	地貌	地块	面积/m²	地貌
0	16174.6	道路	7	35657.5	绿地
1	90791.0	道路	8	7593.5	绿地
2	2269.3	道路	9	50137.5	绿地
3	63260.9	建筑用地	10	23282.9	绿地
4	145838.4	建筑用地	11	15619.6	空地
5	16268.0	建筑用地	12	992160.4	高尔夫
6	302897.6	空地	13	36616.9	高尔夫

表 10-56　第 15 号集水区的提取与调蓄控制容积计算结果

总地块	总面积/m²	径流系数(ψ)
绿地	116671.4	0.15
道路	109234.9	0.9
建筑用地	225367.3	0.8
空地	318517.2	0.2
高尔夫	1028777.4	0.3
总面积/m²	1798568.1	
平均径流系数	0.37	
年径流总量控制率/%	85	
设计降雨量/mm	42.2	
调蓄控制容积/m³	28208.3	

图 10-45 第 15 号集水区的高清影像

表 10-57 第 15 号集水区的技术选择与实际可调蓄容积

序号	地块类型	面积/m²	有效面积/m²	技术选择	实际可调蓄容积/m³
1	绿地	116671.4	58335.7	下沉式绿地	$V_1 = 5833.6$
2	道路	109234.9	—	—	$V_2 = 0$
3	建筑用地	225367.3	—	—	$V_3 = 0$
4	空地	318517.2	318517.2	雨水湿地	$V_4 = 31851.7$
5	高尔夫球场	1028777.4	6120.0(周长)×2	下沉式绿地	$V_5 = 12240.0$
总调蓄容积/m³		$V_总 = 49925.3 > 28208.3$			

注:(1)V_1、V_2、V_3、V_4、V_5 分别为绿地、道路、建筑用地、空地、高尔夫球场的实际可调蓄容积。

(2)$V_总 = V_1 + V_2 + V_3 + V_4 + V_5$。

十七、第 16 号集水区

第 16 号集水区的土地利用类型统计及提取与调蓄控制容积计算结果分别如表 10-58 和表 10-59 所示,第 16 号集水区的高清影像如图 10-46 所示,第

16 号集水区的技术选择与实际可调蓄容积如表 10-60 所示。

表 10-58 第 16 号集水区的土地利用类型统计

地块	面积/m²	地貌	地块	面积/m²	地貌
0	145682.8	道路	6	1144516.0	林地
1	82872.5	水系	7	418212.4	林地
2	11908.6	水塘	8	4885.3	商业内塘
3	321171.6	商业用地	9	27001.4	商业内塘
4	3589.2	建筑用地	10	16869.5	商业内塘
5	12441.0	林地	—	—	—

表 10-59 第 16 号集水区的提取与调蓄控制容积计算结果

地块类型	面积/m²	径流系数(ψ)
道路	145682.8	0.9
水系	82872.5	1
水塘	11908.6	1
商业用地	321171.6	0.4
建筑用地	3589.2	0.8
林地	1575169.1	0.2
总面积/m²	2140394	
平均径流系数	0.31	
年径流总量控制率/%	85	
设计降雨量/mm	42.2	
调蓄控制容积/m³	28369.8	

图 10-46 第 16 号集水区的高清影像

表 10-60 第 16 号集水区的技术选择与实际可调蓄容积

序号	地块类型	面积/m²	有效面积/m²	技术选择	实际可调蓄容积/m³
1	道路	145682.8	—	—	$V_1=0$
2	水系	82872.5	—	—	$V_2=0$
3	水塘	11908.6	—	—	$V_3=0$
4	商业用地	321171.6	128468.6(40%)	雨水景观湿地	$V_4=12846.8$
5	建筑用地	3589.2	—	绿色屋顶	$V_5=0$
6	林地	1575169.1	10000.0+ 4770.0×1.5 $(L \times D)$	生物滞留池、 下沉式绿地	$V_6=10000.0+6705.0$
总调蓄容积/m³			$V_总=29551.8>28369.8$		

注:(1)V_1、V_2、V_3、V_4、V_5、V_6分别为道路、水系、水塘、商业用、建筑用地、林地的实际可调蓄容积。

(2)$V_总=V_1+V_2+V_3+V_4+V_5+V_6$。

十八、第 17 号集水区

第 17 号集水区的土地利用类型统计及提取与调蓄控制容积计算结果分别如表 10-61 和表 10-62 所示,第 17 号集水区的高清影像如图 10-47 所示,第 17 号集水区的技术选择与实际可调蓄容积如表 10-63 所示。

表 10-61　第 17 号集水区的土地利用类型统计

地块	面积/m²	地貌	地块	面积/m²	地貌
0	450956.1	绿地	7	16429.3	空地
1	283393.5	厂房	8	567.0	水塘
2	8283.7	道路	9	2098.6	水塘
3	20787.7	空地	10	2372.7	水塘
4	28849.1	透水	11	2504.3	水塘
5	10023.6	水塘	12	45884.2	道路
6	9193.8	水塘	—	—	—

表 10-62　第 17 号集水区的提取与调蓄控制容积计算结果

地块类型	面积/m²	径流系数(ψ)
绿地	450956.1	0.15
厂房	283393.5	0.5
道路	54167.9	0.9
空地	37217	0.3
透水铺装	28849.1	0.35
水塘	26760.01	1
总面积/m²	881343.6	
平均径流系数	0.35	
年径流总量控制率/%	80	
设计降雨量/mm	33.6	
调蓄控制容积/m³	10285.4	

图 10-47　第 17 号集水区的高清影像

表 10-63　第 17 号集水区的技术选择与实际可调蓄容积

序号	地块类型	面积/m²	有效面积/m²	技术选择	实际可调蓄容积/m³
1	绿地	450956.1	150318.7+1077.0	雨水湿地、下沉式绿地	$V_1=15031.8+107.7$
2	厂房	283393.5	85018.1	绿色屋顶、简易生物滞留设施	$V_2=8501.8$
3	道路	54167.9	—	—	$V_3=0$
4	空地	37217	—	植被缓冲带	$V_4=0$
5	透水铺装	28849.1	—	—	$V_5=0$
6	水塘	26760.01	—	—	$V_6=0$
总调蓄容积/m³		$V_{总}=23641.37>10285.4$			

注:(1)V_1、V_2、V_3、V_4、V_5、V_6分别为绿地、厂房、道路、空地、透水铺装、水塘的实际可调
　　蓄容积。

　　(2)$V_{总}=V_1+V_2+V_3+V_4+V_5+V_6$。

十九、第18号集水区

第18号集水区的土地利用类型统计及提取与调蓄控制容积计算结果分别如表10-64和表10-65所示,第18号集水区的高清影像如图10-48所示,第18号集水区的技术选择与实际可调蓄容积如表10-66所示。

表10-64　第18号集水区的土地利用类型统计

地块	面积/m²	地貌	地块	面积/m²	地貌
0	13269.3	道路	21	379.9	透水铺装
1	7360.3	道路	22	56809.9	建筑用地
2	8524.7	道路	23	75646.0	建筑用地
3	6123.2	道路	24	35300.5	建筑用地
4	2143.7	道路	25	2524.2	绿地
5	29691.4	透水铺装	26	891.3	绿地
6	6342.2	透水铺装	27	10864.4	绿地
7	6731.1	透水铺装	28	9834.0	绿地
8	11673.7	透水铺装	29	19546.9	绿地
9	891.3	透水铺装	30	1397.5	绿地
10	586.2	透水铺装	31	1198.0	绿地
11	3597.2	透水铺装	32	3595.8	绿地
12	1958.6	透水铺装	33	5077.1	绿地
13	2172.8	透水铺装	34	2545.5	绿地
14	759.7	透水铺装	35	5216.2	绿地
15	4372.4	透水铺装	36	1575.7	绿地
16	893.2	透水铺装	37	12362.1	绿地
17	450.0	透水铺装	38	2307.6	绿地
18	431.3	透水铺装	39	14621.4	绿地
19	1133.7	透水铺装	40	9814.8	绿地
20	341.1	透水铺装	—	—	—

表 10-65 第 18 号集水区的提取与调蓄控制容积计算结果

地块类型	面积/m²	径流系数(ψ)
绿地	103372.7	0.15
道路	37421.23	0.9
透水铺装	72405.87	0.9
建筑用地	167756.3	0.6
总面积/m²	380956.1	
平均径流系数	0.56	
年径流总量控制率/%	85	
设计降雨量/mm	42.2	
调蓄控制容积/m³	9073.2	

图 10-48 第 18 号集水区的高清影像

表 10-66　第 18 号集水区的技术选择与实际可调蓄容积

序号	地块类型	面积/m²	有效面积/m²	技术选择	实际可调蓄容积/m³
1	绿地	103372.7	51686.35	下沉式绿地	$V_1=5168.6$
2	道路	37421.2	—		$V_2=0$
3	透水铺装	72405.9	—		$V_3=0$
4	建筑用地	167756.3	16775.6+33551.2	下沉式绿地、生物滞留设施、绿色屋顶	$V_4=1677.5+3355.1$
总调蓄容积/m³		$V_总=10201.2>9073.2$			

注：(1)V_1、V_2、V_3、V_4 分别为绿地、道路、透水铺装、建筑用地的实际可调蓄容积。

(2)$V_总=V_1+V_2+V_3+V_4$。

二十、第 19 号集水区

第 19 号集水区的土地利用类型统计及提取与调蓄控制容积计算结果分别如表 10-67 和表 10-68 所示，第 19 号集水区的高清影像如图 10-49 所示，第 19 号集水区的技术选择与实际可调蓄容积如表 10-69 所示。

表 10-67　第 19 号集水区的土地利用类型统计

地块	面积/m²	地貌	地块	面积/m²	地貌
0	20532.7	河流	5	601360.9	林地
1	15977.1	道路	6	17776.7	绿地
2	4107.1	水塘	7	6946.0	绿地
3	4414.2	水塘	8	8645.1	绿地
4	28050.2	水塘	—	—	—

表 10-68　第 19 号集水区的提取与调蓄控制容积计算结果

地块类型	面积/m²	径流系数(ψ)
河流	20532.71	1
水塘	36571.44	0.9
林地	601360.9	0.2

续表

地块类型	面积/m²	径流系数(ψ)
绿地	33367.71	0.15
道路	15977.13	0.9
总面积/m²	707809.9	
平均径流系数	0.27	
年径流总量控制率/%	85	
设计降雨量/mm	42.2	
调蓄控制容积/m³	8149.0	

图 10-49 第 19 号集水区的高清影像

表 10-69 第 19 号集水区的技术选择与实际可调蓄容积

序号	地块类型	面积/m²	有效面积/m²	技术选择	实际可调蓄容积/m³
1	河流	20532.7	—	—	$V_1=0$
2	水塘	36571.4	—	—	$V_2=0$
3	林地	601360.9	8000.0	湿塘	$V_3=8000.0$

续表

序号	地块类型	面积/m²	有效面积/m²	技术选择	实际可调蓄容积/m³
4	绿地	33367.7	33367.7	下沉式绿地	$V_4=3336.7$
5	道路	15977.1	—	—	$V_5=0$
总调蓄容积/m³			$V_总=11336.7>8149.0$		

注:(1)V_1、V_2、V_3、V_4、V_5分别为河流、水塘、林地、绿地、道路的实际可调蓄容积。

(2)$V_总=V_1+V_2+V_3+V_4+V_5$。

二十一、第 20 号集水区

第 20 号集水区的土地利用类型统计及提取与调蓄控制容积计算结果分别如表 10-70 和表 10-71 所示,第 20 号集水区的高清影像如图 10-50 所示,第 20 号集水区的技术选择与实际可调蓄容积如表 10-72 所示。

表 10-70　第 20 号集水区的土地利用类型统计

地块	面积/m²	地貌	地块	面积/m²	地貌
0	90023.6	道路	13	223423.5	厂房
1	28476.9	道路	14	60111.54	13 地块内绿地
2	2085.4	道路	15	3892.443	13 地块内水池
3	16734.2	道路	16	12831.2	道路
4	22757.2	道路	17	29249.3	绿地
5	10.9	道路	18	2027.4	绿地
6	286.2	道路	19	6110.6	绿地
7	8565.4	道路	20	16873.6	绿地
8	4171.6	水系	21	23433.9	绿地
9	33623.5	水系	22	61511.3	绿地
10	13904.8	水系	23	60475.2	绿地
11	93063.8	厂房	24	28950.1	空地
12	116555.0	厂房	25	639287.5	空地

表 10-71 第 20 号集水区的提取与调蓄控制容积计算结果

地块类型	面积/m²	径流系数(φ)
道路	181771	0.9
水系	51699.9	1
厂房	433042.3	0.6
绿地	199681.3	0.15
空地	668237.6	0.3
总面积/m²	1534432.0	
平均径流系数	0.46	
年径流总量控制率/%	85	
设计降雨量/mm	42.2	
调蓄控制容积/m³	29773.9	

图 10-50 第 20 号集水区的高清影像

表 10-72　第 20 号集水区的技术选择与实际可调蓄容积

序号	地块类型	面积/m²	有效面积/m²	技术选择	实际可调蓄容积/m³
1	道路	181771	—	—	$V_1 = 0$
2	水系	51699.9	—	—	$V_2 = 0$
3	厂房	433042.3	30055.7	绿色屋顶、湿塘	$V_3 = 24044.6$
4	绿地	199681.3	99840.6	下沉式绿地	$V_4 = 9984.0$
5	空地	668237.6	467766.3	雨水湿地	$V_5 = 46776.6$
总调蓄容积/m³			$V_总 = 80805.216 > 29773.9$		

注:(1)V_1、V_2、V_3、V_4、V_5 分别为道路、水系、厂房、绿地、空地的实际可调蓄容积。

　　(2)$V_总 = V_1 + V_2 + V_3 + V_4 + V_5$。

二十二、第 21 号集水区

第 21 号集水区的土地利用类型统计及提取与调蓄控制容积计算结果分别如表 10-73 和表 10-74 所示,第 21 号集水区的高清影像如图 10-51 所示,第 21 号集水区的技术选择与实际可调蓄容积如表 10-75 所示。

表 10-73　第 21 号集水区的土地利用类型统计

地块	面积/m²	地貌	地块	面积/m²	地貌
0	6087.0	道路	8	12760.1	空地
1	50728.9	道路	9	16699.7	空地
2	17627.4	水系	10	9090.9	空地
3	69681.3	厂房	11	15675.9	绿地
4	137890.2	村庄	12	15446.1	绿地
5	9773.6	村庄	13	3141.8	绿地
6	120941.7	空地	14	1689.1	绿地
7	56660.0	空地	15	9522.7	绿地

表 10-74　第 21 号集水区的提取与调蓄控制容积计算结果

总地块	总面积/m²	径流系数(ψ)
道路	56815.9	0.9
水系	17627.4	1

续表

总地块	总面积/m²	径流系数(ψ)
厂房	69681.3	0.8
村庄	147664.0	0.8
空地	216152.4	0.2
绿地	45475.5	0.15
总面积/m²	553416.4	
平均径流系数	0.53	
年径流总量控制率/%	80	
设计降雨量/mm	33.6	
调蓄控制容积/m³	9834.4	

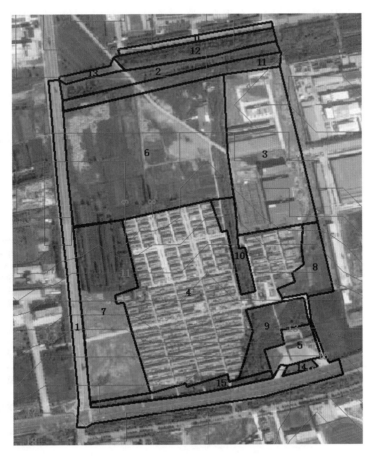

图 10-51 第 21 号集水区的高清影像

表 10-75　第 21 号集水区的技术选择与实际可调蓄容积

序号	地块类型	面积/m²	有效面积/m²	技术选择	实际可调蓄容积/m³
1	道路	56815.9	—	—	$V_1=0$
2	水系	17627.4	—	—	$V_2=0$
3	厂房	69681.3	411.0+100.0	绿色屋顶、下沉式绿地、蓄水池	$V_3=41.1+100.0$
4	村庄	147664.0	—	植草沟	$V_4=0$
5	空地	216152.4	108076.2	雨水湿地	$V_5=10807.6$
6	绿地	45475.51	30317.0	下沉式绿地	$V_6=3031.7$
总调蓄容积/m³		$V_总=13980.4>9834.4$			

注:(1)V_1、V_2、V_3、V_4、V_5、V_6 分别为道路、水系、厂房、村庄、空地、绿地的实际可调蓄容积。

(2)$V_总=V_1+V_2+V_3+V_4+V_5+V_6$。

二十三、第 22 号集水区

第 22 号集水区的土地利用类型统计及提取与调蓄控制容积计算结果分别如表 10-76 和表 10-77 所示,第 22 号集水区的高清影像如图 10-52 所示,第 22 号集水区的技术选择与实际可调蓄容积如表 10-78 所示。

表 10-76　第 22 号集水区的土地利用类型统计

地块	面积/m²	地貌	地块	面积/m²	地貌
0	21971.4	道路	71	2584.8	绿地
1	41724.5	道路	72	939.9	绿地
2	39860.4	道路	73	3101.8	绿地
3	1748.0	道路	74	475.5	绿地
4	98.1	道路	75	1128.7	绿地
5	2833.1	道路	76	779.4	绿地
6	1709.6	道路	77	709.7	绿地
7	1835.7	道路	78	857.6	绿地

续表

地块	面积/m²	地貌	地块	面积/m²	地貌
8	3956.8	道路	79	1462.1	绿地
9	15637.7	道路	80	3521.1	绿地
10	16070.3	道路	81	496.3	绿地
11	23780.2	道路	82	705.0	绿地
12	855.6	道路	83	745.4	绿地
13	5316.3	道路	84	2744.2	绿地
14	8637.4	道路	85	1087.5	绿地
15	6363.1	道路	86	4939.6	绿地
16	3689.1	道路	87	1556.0	绿地
17	10446.3	道路	88	884.4	绿地
18	12866.5	道路	89	4501.4	绿地
19	25491.3	道路	90	6058.6	绿地
20	6095.9	道路	91	2210.4	绿地
21	6117.4	道路	92	3788.6	绿地
22	25646.0	道路	93	1448.7	绿地
23	16241.6	水系	94	1989.4	绿地
24	10947.1	水系	95	979.5	绿地
25	8839.6	水系	96	311.3	绿地
26	3550.5	水系	97	1977.1	绿地
27	10249.0	水系	98	1816.0	绿地
28	138459.3	村庄	99	3883.6	绿地
29	70851.0	建筑小区	100	3738.5	绿地
30	60403.7	建筑小区	101	7189.8	绿地
31	45285.1	建筑小区	102	4250.4	绿地
32	16576.3	厂房	103	3507.3	绿地
33	97072.4	厂房	104	2052.4	绿地

续表

地块	面积/m²	地貌	地块	面积/m²	地貌
34	86074.7	厂房	105	1081.4	绿地
35	19694.9	厂房	106	982.7	绿地
36	16464.9	厂房	107	1054.4	绿地
37	20675.8	厂房	108	3557.5	绿地
38	101243.4	厂房	109	4151.7	绿地
39	157614.2	厂房	110	25385.1	绿地
40	100420.7	厂房	111	8683.1	绿地
41	110469.1	厂房	112	13598.3	绿地
42	71696.5	厂房	113	599.5	绿地
43	215692.5	厂房	114	6424.4	绿地
44	119332.5	厂房	115	5038.5	绿地
45	148849.1	厂房	116	1498.7	绿地
46	14128.4	空地	117	618.9	绿地
47	73575.8	空地	118	3732.5	绿地
48	62562.7	空地	119	1790.5	绿地
49	73314.8	空地	120	2710.9	绿地
50	41150.4	空地	121	7164.6	绿地
51	4735.1	空地	122	426.1	绿地
52	24333.2	空地	123	1122.7	绿地
53	12088.9	空地	124	1813.3	绿地
54	3938.9	空地	125	704.5	绿地
55	9332.8	空地	126	9444.7	绿地
56	18261.3	空地	127	11629.5	绿地
57	42957.3	空地	128	7951.6	绿地
58	5153.6	空地	129	3141.1	绿地
59	19844.0	空地	130	2811.9	绿地

续表

地块	面积/m²	地貌	地块	面积/m²	地貌
60	10281.4	空地	131	3911.8	绿地
61	3853.3	绿地	132	938.9	绿地
62	563.2	绿地	133	9747.0	绿地
63	3580.0	绿地	134	17390.7	绿地
64	21040.6	绿地	135	17501.5	绿地
65	4777.0	绿地	136	10127.1	绿地
66	7247.2	绿地	137	965.8	绿地
67	29205.5	绿地	138	9836.4	绿地
68	2170.6	绿地	139	4110.3	道路
69	1632.3	绿地	140	6151.7	道路
70	5231.7	绿地	—	—	—

表 10-77　第 22 号集水区的提取与调蓄控制容积计算结果

地块类型	面积/m²	径流系数(ψ)
道路	293012.6	0.9
水系	49827.9	1
村庄	138459.3	0.8
小区/学校	176539.8	0.7
厂房	1281877	0.7
空地	415658.5	0.2
绿地	355260.5	0.15
总面积/m²	2710635.3	
平均径流系数	0.58	
年径流总量控制率/%	75	
设计降雨量/mm	27.4	
调蓄控制容积/m³	43336.4	

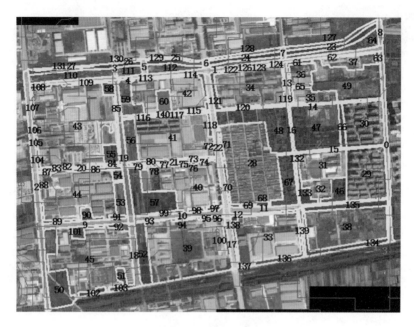

图 10-52　第 22 号集水区的高清影像

表 10-78　第 22 号集水区的技术选择与实际可调蓄容积

序号	地块类型	面积/m²	有效面积/m²	技术选择	实际可调蓄容积/m³
1	道路	293012.6	—	—	$V_1=0$
2	水系	49827.7	—	—	$V_2=0$
3	村庄	138459.3	—	—	$V_3=0$
4	小区/学校	176539.8	—	绿色屋顶	$V_4=0$
5	厂房	1281877.0	140.0＋25885.7	绿色屋顶、蓄水池、简易生物滞留设施（直径 0.6 m）	$V_5=140.0＋15531.4$
6	空地	415658.5	132695.6＋100177.8	下沉式绿地、雨水湿地	$V_6=13\,269.5＋10017.7$
7	绿地	355260.5	177630.2	下沉式绿地	$V_7=17763.0$
总调蓄容积/m³		$V_总=43452.1>43336.4$			

注:(1)V_1、V_2、V_3、V_4、V_5、V_6、V_7 分别为道路、水系、村庄、小区/学校、厂房、空地、绿地的
实际可调蓄容积。

(2)$V_总=V_1＋V_2＋V_3＋V_4＋V_5＋V_6＋V_7$。

二十四、第 23 号集水区

第 23 号集水区的土地利用类型统计及提取与调蓄控制容积计算结果分别如表 10-79 和表 10-80 所示,第 23 号集水区的高清影像如图 10-53 所示,第 23 号集水区的技术选择与实际可调蓄容积如表 10-81 所示。

表 10-79　第 23 号集水区的土地利用类型统计

地块	面积/m²	地貌	地块	面积/m²	地貌
0	100150.1	建筑用地	8	14481.1	绿地
1	128727.9	建筑用地	9	16235.5	绿地
2	31239.4	建筑用地	10	14764.8	空地
3	91171.0	空地	11	1681.3	绿地
4	27685.4	空地	12	22612.3	道路
5	138460.3	空地	13	8182.0	道路
6	8755.6	绿地	14	34383.2	建筑用地
7	5315.9	绿地	15	17789.6	水系

表 10-80　第 23 号集水区的提取与调蓄控制容积计算结果

地块类型	面积/m²	径流系数(ψ)
建筑用地	294500.6	0.7
空地	272081.5	0.3
绿地	46469.4	0.15
道路	30794.4	0.9
水系	17789.6	1
总面积/m²	661635.4	
平均径流系数	0.51	
年径流总量控制率/%	80	
设计降雨量/mm	33.6	
调蓄控制容积/m³	11432.4	

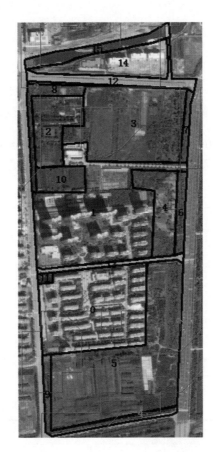

图 10-53　第 23 号集水区的高清影像

表 10-81　第 23 号集水区的技术选择与实际可调蓄容积

序号	地块类型	面积/m²	有效面积/m²	技术选择	实际可调蓄容积/m³
1	建筑用地	294500.6	10000＋5000	雨水湿地、下沉式绿地	$V_1 = 2000 + 500$
2	空地	272081.5	136040.7	雨水湿地	$V_2 = 13604.0$
3	绿地	46469.4	46469.4	下沉式绿地	$V_3 = 4646.9$
4	道路	30794.4	—	—	$V_4 = 0$
5	水系	17789.6	—	—	$V_5 = 0$
总调蓄容积/m³		$V_总 = 20750.975 > 11432.4$			

注:(1)V_1、V_2、V_3、V_4、V_5分别为建筑用地、空地、绿地、道路、水系的实际可调蓄容积。

　　(2)$V_总 = V_1 + V_2 + V_3 + V_4 + V_5$。

二十五、第 24 号集水区

第 24 号集水区的土地利用类型统计及提取与调蓄控制容积计算结果分别如表 10-82 和表 10-83 所示,第 24 号集水区的高清影像如图 10-54 所示,第 24 号集水区的技术选择与实际可调蓄容积如表 10-84 所示。

表 10-82　第 24 号集水区的土地利用类型统计

地块	面积/m²	地貌	地块	面积/m²	地貌
0	33851.1	水系	5	69454.1	空地
1	10651.4	道路	6	26338.5	空地
2	6717.0	道路	7	2753.3	空地
3	59237.0	村庄	8	21288.1	绿地
4	197298.3	小区	—	—	—

表 10-83　第 24 号集水区的提取与调蓄控制容积计算结果

地块类型	总面积/m²	径流系数(ψ)
水系	33851.1	1
道路	17368.4	0.9
村庄	59237.0	0.8
小区	197298.3	0.6
空地	98545.8	0.2
绿地	21288.1	0.15
总面积/m²	427588.8	
平均径流系数	0.56	
年径流总量控制率/%	75	
设计降雨量/mm	27.4	
调蓄控制容积/m³	6525.4	

图 10-54　第 24 号集水区的高清影像

表 10-84　第 24 号集水区的技术选择与实际可调蓄容积

序号	地块类型	面积/m²	有效面积/m²	技术选择	实际可调蓄容积/m³
1	水系	33851.1	—	—	$V_1=0$
2	道路	17368.4	—	—	$V_2=0$
3	村庄	59237.0	—	—	$V_3=0$
4	小区	197298.3	300.0	蓄水池	$V_4=300.0$
5	空地	98545.8	49272.9	雨水湿地	$V_5=4927.3$
6	绿地	21288.1	17030.4	下沉式绿地	$V_6=1703.0$
总调蓄容积/m³			$V_总=6930.3>6525.4$		

注:(1)V_1、V_2、V_3、V_4、V_5、V_6 分别为水系、道路、村庄、小区、空地、绿地的实际可调蓄
容积。

(2)$V_总=V_1+V_2+V_3+V_4+V_5+V_6$。

二十六、第 25 号集水区

第 25 号集水区的相关情况已经在本章第四节、第五节和第六节中介绍过，在此不再赘述。

二十七、第 26 号集水区

第 26 号集水区的土地利用类型统计及提取与调蓄控制容积计算结果分别如表 10-85 和表 10-86 所示，第 26 号集水区的高清影像如图 10-55 所示，第 26 号集水区的技术选择与实际可调蓄容积如表 10-87 所示。

表 10-85　第 26 号集水区的土地利用类型统计

地块	面积/m²	地貌	地块	面积/m²	地貌
0	9851.4	道路	17	3836.7	绿地
1	7123.0	道路	18	17665.5	绿地
2	18250.2	道路	19	12839.3	绿地
3	180370.2	厂房	20	1812.5	绿地
4	231728.1	厂房	21	4862.1	绿地
5	119132.0	厂房	22	17452.3	绿地
6	60591.5	厂房	23	1795.8	绿地
7	68462.5	空地	24	5099.0	绿地
8	5617.3	绿地	25	867.5	绿地
9	2780.7	绿地	26	2691.6	绿地
10	2013.5	绿地	27	12494.8	绿地
11	1879.5	绿地	28	14308.2	绿地
12	684.6	绿地	29	5719.9	绿地
13	3546.8	绿地	30	17329.0	绿地
14	165.5	绿地	31	1419.5	绿地
15	2473.1	绿地	32	9998.4	绿地
16	2145.2	绿地	33	2701.9	绿地

表 10-86　第 26 号集水区的提取与调蓄控制容积计算结果

地块类型	面积/m²	径流系数（φ）
道路	35224.6	0.9
厂房	591821.8	0.7
空地	68462.5	0.2
绿地	165536.2	0.15
总面积/m²	861045.1	
平均径流系数	0.56	
年径流总量控制率/%	75	
设计降雨量/mm	27.4	
调蓄控制容积/m³	13275.3	

图 10-55　第 26 号集水区的高清影像

表 10-87　第 26 号集水区的技术选择与实际可调蓄容积

序号	地块类型	面积/m²	有效面积/m²	技术选择	实际可调蓄容积/m³
1	道路	35224.6	—	—	$V_1 = 0$
2	厂房	591821.8	400.0	蓄水池	$V_2 = 400.0$
3	空地	68462.5	54770.0	雨水湿地	$V_3 = 10954.0$
4	绿地	165536.2	99321.7	下沉式绿地	$V_4 = 9932.1$
总调蓄容积/m³				$V_总 = 21286.1 > 13275.3$	

注：(1)V_1、V_2、V_3、V_4 分别为道路、厂房、空地、绿地的实际可调蓄容积。

(2)$V_总 = V_1 + V_2 + V_3 + V_4$。

二十八、第 27 号集水区

第 27 号集水区的土地利用类型统计及提取与调蓄控制容积计算结果分别如表 10-88 和表 10-89 所示,第 27 号集水区的高清影像如图 10-56 所示,第 27 号集水区的技术选择与实际可调蓄容积如表 10-90 所示。

表 10-88　第 27 号集水区的土地利用类型统计

地块	面积/m²	地貌	地块	面积/m²	地貌
0	9475.1	道路	10	16569.3	绿地
1	4791.5	道路	11	605.3	绿地
2	12233.7	道路	12	523.4	绿地
3	27088.4	厂房	13	4399.7	绿地
4	134396.8	厂房	14	1634.9	绿地
5	26225.8	厂房	15	2443.2	绿地
6	147848.0	厂房	16	1351.6	绿地
7	10697.8	空地	17	9495.4	绿地
8	5308.4	空地	18	1425.1	绿地
9	8343.6	绿地			

表 10-89　第 27 号集水区的提取与调蓄控制容积计算结果

地块类型	面积/m²	径流系数(ψ)
道路	26500.3	0.9
厂房	335559.1	0.6
空地	16006.1	0.3
绿地	46791.5	0.15
总面积/m²	424857.0	
平均径流系数	0.56	
年径流总量控制率/%	75	
设计降雨量/mm	27.4	
调蓄控制容积/m³	6494.0	

图 10-56　第 27 号集水区的高清影像

表 10-90　第 27 号集水区的技术选择与实际可调蓄容积

序号	地块类型	面积/m²	有效面积/m²	技术选择	实际可调蓄容积/m³
1	道路	26500.3	—	—	$V_1 = 0$
2	厂房	335559.1	500.0	简易生物滞留设施	$V_2 = 500.0$

续表

序号	地块类型	面积/m²	有效面积/m²	技术选择	实际可调蓄容积/m³
3	空地	16006.1	16006.1	雨水湿地	$V_3 = 3200.6$
4	绿地	46791.5	28074.9	下沉式绿地	$V_4 = 2807.5$
总调蓄容积/m³		$V_总 = 6507.6 > 6494.0$			

注:(1)V_1、V_2、V_3、V_4分别为道路、厂房、空地、绿地的实际可调蓄容积。

(2)$V_总 = V_1 + V_2 + V_3 + V_4$。

二十九、第28号集水区

第28号集水区的土地利用类型统计及提取与调蓄控制容积计算结果分别如表 10-91 和表 10-92 所示,第28号集水区的高清影像如图 10-57 所示,第28号集水区的技术选择与实际可调蓄容积如表 10-93 所示。

表 10-91 第 28 号集水区的土地利用类型统计

地块	面积/m²	地貌	地块	面积/m²	地貌
0	29482.7	道路	14	6818.0	空地
1	44555.7	道路	15	693.7	空地
2	123601.0	厂房	16	2251.5	绿地
3	2690.4	厂房	17	5744.6	绿地
4	22369.7	厂房	18	12555.8	绿地
5	69631.3	厂房	19	2152.5	绿地
6	30135.9	厂房	20	6434.4	绿地
7	3414.0	厂房	21	6445.0	绿地
8	14185.6	厂房	22	10571.6	绿地
9	3740.3	空地	23	1924.5	绿地
10	4953.0	空地	24	812.6	绿地
11	4981.2	空地	25	2386.3	绿地
12	16152.1	空地	26	4815.9	绿地
13	68048.3	空地	—	—	—

表 10-92　第 28 号集水区的提取与调蓄控制容积计算结果

地块类型	面积/m²	径流系数(ψ)
道路	74038.4	0.9
厂房	266027.9	0.7
空地	105386.5	0.2
绿地	52169.5	0.15
总面积/m²	497622.3	
平均径流系数	0.57	
年径流总量控制率/%	75	
设计降雨量/mm	27.4	
调蓄控制容积/m³	7720.1	

图 10-57　第 28 号集水区的高清影像

表 10-93　第 28 号集水区的技术选择与实际可调蓄容积

序号	地块类型	面积/m²	有效面积/m²	技术选择	实际可调蓄容积/m³
1	道路	74038.4	—	—	$V_1 = 0$
2	厂房	266027.8	9000.0+300.0	简易生物滞留设施、蓄水池	$V_2 = 1800.0 + 300.0$

续表

序号	地块类型	面积/m²	有效面积/m²	技术选择	实际可调蓄容积/m³
3	空地	105386.5	23860.0＋100.0＋6000.0＋54438.4	简易生物滞留设施、蓄水池、下沉式绿地、雨水湿地	$V_3=2386.0+100.0+600.0+5443.8$
4	绿地	52169.5	31301.6	下沉式绿地	$V_4=3130.1$
总调蓄容积/m³			$V_总=13759.9>7720.1$		

注：(1) V_1、V_2、V_3、V_4 分别为道路、厂房、空地、绿地的实际可调蓄容积。

(2) $V_总=V_1+V_2+V_3+V_4$。

三十、第 29 号集水区

第 29 号集水区的土地利用类型统计及提取与调蓄控制容积计算结果分别如表 10-94 和表 10-95 所示，第 29 号集水区的高清影像如图 10-58 所示，第 29 号集水区的技术选择与实际可调蓄容积如表 10-96 所示。

表 10-94 第 29 号集水区的土地利用类型统计

地块	面积/m²	地貌	地块	面积/m²	地貌
0	58577.1	道路	8	21119.4	绿地
1	35578.5	厂房	9	1474.2	绿地
2	34102.2	厂房	10	5838.9	绿地
3	34948.9	厂房	11	1867.5	绿地
4	3475.7	3 地块的水塘	12	5480.4	绿地
5	70214.5	建筑小区	13	1511.2	绿地
6	12721.1	空地	14	6197.8	绿地
7	3591.3	空地	—	—	—

表 10-95 第 29 号集水区的提取与调蓄控制容积计算结果

地块类型	面积/m²	径流系数(ψ)
道路	58577.1	0.9
厂房	104629.6	0.7

续表

地块类型	面积/m²	径流系数(ψ)
建筑小区	70214.5	0.7
空地	16312.3	0.2
绿地	43489.3	0.15
总面积/m²	293222.8	
平均径流系数	0.63	
年径流总量控制率/%	80	
设计降雨量/mm	33.6	
调蓄控制容积/m³	6212.5	

图 10-58　第 29 号集水区的高清影像

表 10-96　第 29 号集水区的技术选择与实际可调蓄容积

序号	地块类型	面积/m²	有效面积/m²	技术选择	实际可调蓄容积/m³
1	道路	58577.1	—	—	$V_1=0$
2	厂房	104629.6	8400.0	复杂生物滞留设施	$V_2=1680.0$
3	建筑小区	70214.5	100.0	蓄水池	$V_3=100.0$
4	空地	16312.3	11418.6	雨水湿地	$V_4=2283.6$
5	绿地	43489.3	34791.4	下沉式绿地	$V_5=3479.1$
总调蓄容积/m³		$V_总=7542.7>6212.5$			

注：(1)V_1、V_2、V_3、V_4 分别为道路、厂房、空地、绿地的实际可调蓄容积。

　　(2)$V_总=V_1+V_2+V_3+V_4$。

三十一、第 30 号集水区

第 30 号集水区的土地利用类型统计及提取与调蓄控制容积计算结果分别如表 10-97 和表 10-98 所示,第 30 号集水区的高清影像如图 10-59 所示,第 30 号集水区的技术选择与实际可调蓄容积如表 10-99 所示。

表 10-97 第 30 号集水区的土地利用类型统计

地块	面积/m²	地貌	地块	面积/m²	地貌
0	37247.4	道路	19	349.4	绿地
1	9348.9	道路	20	5569.0	绿地
2	7237.7	道路	21	283.7	绿地
3	10629.8	道路	22	305.3	绿地
4	8468.9	道路	23	573.6	绿地
5	8917.0	道路	24	381.9	绿地
6	510.7	道路	25	314.4	绿地
7	27222.4	道路	26	2763.7	绿地
8	131566.2	道路	27	8361.0	绿地
9	110793.4	水系	28	6902.8	绿地
10	18524.0	绿地	29	883.2	绿地
11	13562.0	厂房	30	425.7	绿地
12	2443.8	绿地	31	1058.5	绿地
13	794.4	绿地	32	1615.2	绿地
14	196.0	绿地	33	728.0	绿地
15	2096.7	绿地	34	629.7	绿地
16	1844.1	绿地	35	6821.8	绿地
17	280.9	绿地	36	2265.5	绿地
18	257.7	绿地	—	—	—

表 10-98　第 30 号集水区的提取与调蓄控制容积计算结果

地块类型	面积/m²	径流系数(ψ)
道路	241149.0	0.83
水系	110793.4	70%
厂房	13562.0	22.9
绿地	66670.1	8260.4
总面积/m²		432174.5
平均径流系数		0.63
年径流总量控制率/%		80
设计降雨量/mm		33.6
调蓄控制容积/m³		6212.5

图 10-59　第 30 号集水区的高清影像

表 10-99　第 30 号集水区的技术选择与实际可调蓄容积

序号	地块类型	面积/m²	有效面积/m²	技术选择	实际可调蓄容积/m³
1	道路	241149.0	—	—	$V_1 = 0$
2	水系	110793.4	—	—	$V_2 = 0$
3	厂房	13562.0	260.0	下沉式绿地	$V_3 = 26.0$
4	绿地	66670.1	38516.8+14819.2	下沉式绿地、雨水湿地(10 地块)	$V_4 = 3851.6 + 4445.7$

续表

序号	地块类型	面积/m²	有效面积/m²	技术选择	实际可调蓄容积/m³
总调蓄容积/m³			$V_{总}=8323.3>8260.4$		

注：(1)V_1、V_2、V_3、V_4分别为道路、水系、厂房、绿地的实际可调蓄容积。

(2)$V_{总}=V_1+V_2+V_3+V_4$。

三十二、第 31 号集水区

第 31 号集水区的土地利用类型统计及提取与调蓄控制容积计算结果分别如表 10-100 和表 10-101 所示，第 31 号集水区的高清影像如图 10-60 所示，第 31 号集水区的技术选择与实际可调蓄容积如表 10-102 所示。

表 10-100　第 31 号集水区的土地利用类型统计

地块	面积/m²	地貌	地块	面积/m²	地貌
0	5620.4	道路	3	106286.4	厂房
1	31848.9	水系	4	3578.4	绿地
2	41172.4	空地	5	31020.8	绿地

表 10-101　第 31 号集水区的提取与调蓄控制容积计算结果

地块类型	面积/m²	径流系数(ψ)
道路	5620.4	0.9
水系	31848.9	1
空地	41172.4	0.2
厂房	106286.4	0.8
绿地	34599.2	0.15
总面积/m²	219527.2	
平均径流系数	0.62	
年径流总量控制率/%	75	
设计降雨量/mm	27.4	
调蓄控制容积/m³	3708.9	

图 10-60 第 31 号集水区的高清影像

表 10-102 第 31 号集水区的技术选择与实际可调蓄容积

序号	地块类型	面积/m²	有效面积/m²	技术选择	实际可调蓄容积/m³
1	道路	5620.4	—	—	$V_1=0$
2	水系	31848.8	—	—	$V_2=0$
3	空地	41172.4	39596.6	雨水湿地	$V_3=3959.6$
4	厂房	106286.4	100.0	蓄水池	$V_4=100.0$
5	绿地	34599.2	31139.2	下沉式绿地 雨水湿地	$V_5=3113.9$
总调蓄容积/m³			$V_总=7173.5>3708.9$		

注:(1)V_1、V_2、V_3、V_4、V_5分别为道路、水系、空地、厂房、绿地的实际可调蓄容积。

(2)$V_总=V_1+V_2+V_3+V_4+V_5$。

三十三、第 32 号集水区

第 32 号集水区的土地利用类型统计及提取与调蓄控制容积计算结果分别如表 10-103 和表 10-104 所示,第 32 号集水区的高清影像如图 10-61 所示,第 32 号集水区的技术选择与实际可调蓄容积如表 10-105 所示。

表 10-103　第 32 号集水区的土地利用类型统计

地块	面积/m²	地貌	地块	面积/m²	地貌
0	5456.7	道路	12	11845.8	绿地
1	882.9	道路	13	1111.5	绿地
2	12617.5	道路	14	915.8	绿地
3	10168.7	道路	15	766.9	绿地
4	20722.9	道路	16	846.4	绿地
5	10046.4	道路	17	14851.3	绿地
6	25890.9	空地	18	5019.4	绿地
7	24406.4	空地	19	6496.6	绿地
8	150873.3	厂房	20	637.4	绿地
9	5518.9	厂房	21	2442.1	绿地
10	49664.9	小区	22	17043.0	绿地
11	31963.9	绿地	23	23855.3	河流

表 10-104　第 32 号集水区的提取与调蓄控制容积计算结果

地块类型	面积/m²	径流系数（ψ）
道路	59895.2	0.9
空地	50297.3	0.2
厂房	156392.2	0.8
小区	49664.9	0.6
绿地	93940.2	0.15
河流	23855.3	1
总面积/m²	434045.1	
平均径流系数	0.59	
年径流总量控制率/%	75	
设计降雨量/mm	27.4	
调蓄控制容积/m³	7037.0	

图 10-61　第 32 号集水区的高清影像

表 10-105　第 32 号集水区的技术选择与实际可调蓄容积

序号	地块类型	面积/m²	有效面积/m²	技术选择	实际可调蓄容积/m³
1	道路	59895.2	—	—	$V_1 = 0$
2	空地	50297.3	50297.3	雨水湿地	$V_2 = 5029.7$
3	厂房	156392.2	3200.0	简易生物滞留设施	$V_3 = 320.0$
4	小区	49664.9	100.0	蓄水池	$V_4 = 100.0$
5	绿地	93940.2	35658.6+39208.0	下沉式绿地、雨水湿地（11、22 地块）	$V_5 = 3565.8 + 3920.8$
6	河流	23855.3	—	—	$V_6 = 0$
总调蓄容积/m³		$V_总 = 12936.3 > 7037.0$			

注：(1) V_1、V_2、V_3、V_4、V_5、V_6 分别为道路、空地、厂房、小区、绿地、河流的实际可调蓄容积。

(2) $V_总 = V_1 + V_2 + V_3 + V_4 + V_5 + V_6$。

三十四、第33号集水区

第33号集水区的土地利用类型统计及提取与调蓄控制容积计算结果分别如表10-106和表10-107所示，第33号集水区的高清影像如图10-62所示，第33号集水区的技术选择与实际可调蓄容积如表10-108所示。

表10-106 第33号集水区的土地利用类型统计

地块	面积/m²	地貌	地块	面积/m²	地貌
0	13325.7	道路	14	11805.1	绿地
1	15389.1	空地	15	3744.1	绿地
2	20771.1	空地	16	4472.1	绿地
3	6161.6	透水铺装	17	1341.2	绿地
4	2261.6	透水铺装	18	12436.3	绿地
5	293.1	透水铺装	19	757.9	绿地
6	11763.5	透水铺装	20	7373.7	绿地
7	20885.9	滨海风景建筑	21	10613.0	绿地
8	55522.6	滨海风景建筑	22	2288.3	绿地
9	82088.3	水塘	23	504.1	绿地
10	10132.7	建筑	24	732.5	绿地
11	13262.3	建筑	25	924.7	绿地
12	9657.2	建筑	26	1678.8	绿地
13	3975.5	绿地	—	—	—

表10-107 第33号集水区的提取与调蓄控制容积计算结果

地块	面积/m²	径流系数（ψ）
道路	13325.7	0.9
空地	36160.2	0.4
透水铺装	20479.6	0.5
滨海风景建筑	76408.5	0.8
水塘	82088.3	1

续表

地块	面积/m²	径流系数(ψ)
建筑	33052.1	0.8
绿地	62647.3	0.15
总面积/m²	324161.9	
平均径流系数	0.67	
年径流总量控制率/%	75	
设计降雨量/mm	27.4	
调蓄控制容积/m³	5911.6	

图 10-62　第 33 号集水区的高清影像

表 10-108　第 33 号集水区的技术选择与实际可调蓄容积

序号	地块类型	面积/m²	有效面积/m²	技术选择	实际可调蓄容积/m³
1	道路	13325.7	—	—	$V_1=0$
2	空地	36160.2	36160.2	复杂生物滞留设施	$V_2=7232.0$
3	透水铺装	20479.7	—	—	$V_3=0$
4	滨海风景建筑	76408.5	—	绿色屋顶	$V_4=0$
5	水塘	82088.3	—	—	$V_5=0$
6	建筑	33052.1	200.0	绿色屋顶蓄水池	$V_6=200.0$
7	绿地	62647.3	42981.8+8920.0	雨水湿地下沉式绿地	$V_7=4298.1+892.0$
总调蓄容积/m³		$V_总=12622.1>5911.6$			

注：(1)V_1、V_2、V_3、V_4、V_5、V_6、V_7分别为道路、空地、透水铺装、滨海风景建筑、水塘、建筑、绿地的实际可调蓄容积。

(2)$V_总=V_1+V_2+V_3+V_4+V_5+V_6+V_7$。

三十五、第 34 号集水区

第 34 号集水区的土地利用类型统计及提取与调蓄控制容积计算结果分别如表 10-109 和表 110 所示，第 34 号集水区的高清影像如图 10-63 所示，第34 号集水区的技术选择与实际可调蓄容积如表 10-111 所示。

表 10-109　第 34 号集水区的土地利用类型统计

地块	面积/m²	地貌	地块	面积/m²	地貌
0	18763.2	道路	40	3852.2	绿地
1	6721.9	道路	41	209.3	绿地
2	4161.9	道路	42	765.3	绿地
3	9920.2	道路	43	384.4	绿地
4	17818.1	道路	44	854.3	绿地
5	9766.4	道路	45	515.0	绿地
6	7773.1	道路	46	657.7	绿地

续表

地块	面积/m²	地貌	地块	面积/m²	地貌
7	50482.6	空地	47	5341.9	绿地
8	18016.4	空地	48	4246.8	绿地
9	129085.2	村庄	49	2466.2	绿地
10	64986.5	厂房	50	2117.9	绿地
11	131562.9	厂房	51	469.0	绿地
12	78104.8	厂房	52	6665.0	绿地
13	28707.2	建筑小区	53	9174.7	绿地
14	104515.6	建筑小区	54	442.1	绿地
15	74814.4	建筑小区	55	538.3	绿地
16	77074.9	建筑小区	56	4574.5	绿地
17	17843.5	建筑小区	57	1059.4	绿地
18	77998.1	建筑小区	58	236.0	绿地
19	61322.5	建筑小区	59	508.5	绿地
20	4606.2	建筑小区	60	882.9	绿地
21	63931.9	建筑小区	61	802.4	绿地
22	12226.0	绿地	62	454.3	绿地
23	21417.8	绿地	63	1175.2	绿地
24	563.7	绿地	64	414.0	绿地
25	9636.4	绿地	65	294.4	绿地
26	8258.8	绿地	66	136.1	绿地
27	11217.7	绿地	67	363.2	绿地
28	5323.9	绿地	68	438.2	绿地
29	3607.3	绿地	69	494.2	绿地
30	2430.9	绿地	70	584.8	绿地
31	2410.7	绿地	71	711.5	绿地

续表

地块	面积/m²	地貌	地块	面积/m²	地貌
32	1275.5	绿地	72	1483.5	绿地
33	1193.8	绿地	73	476.0	绿地
34	1693.4	绿地	74	1085.2	绿地
35	402.3	绿地	75	412.7	绿地
36	1621.0	绿地	76	373.5	绿地
37	3043.7	绿地	77	718.6	绿地
38	2204.1	绿地	78	4546.3	道路
39	5303.4	绿地	—	—	—

表 10-110　第 34 号集水区的提取与调蓄控制容积计算结果

地块类型	面积/m²	径流系数(ψ)
道路	79471.22	0.9
空地	68498.92	0.3
村庄	129085.2	0.8
厂房	274654.3	0.8
建筑小区	510814.3	0.5
绿地	150209.7	0.15
总面积/m²	1212734.0	
平均径流系数	0.57	
年径流总量控制率/%	80	
设计降雨量/mm	33.6	
调蓄控制容积/m³	23284.9	

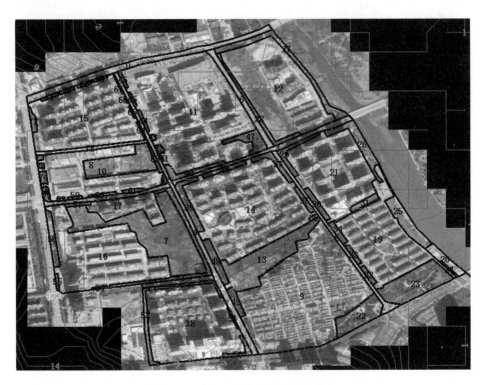

图 10-63　第 34 号集水区的高清影像

表 10-111　第 34 号集水区的技术选择与实际可调蓄容积

序号	地块类型	面积/m²	有效面积/m²	技术选择	实际可调蓄容积/m³
1	道路	79471.2	—	—	$V_1 = 0$
2	空地	68498.9	61649.0	雨水湿地	$V_2 = 6164.9$
3	村庄	129085.2	2000.0	湿塘	$V_3 = 2000.0$
4	厂房	274654.3	12000.0	简易生物滞留设施	$V_4 = 1200.0$
5	建筑小区	510814.3	600.0＋28707.3	蓄水池、雨水湿地(13 地块)	$V_5 = 600.0 + 5741.4$
6	绿地	150209.7	93252.1＋33643.8	下沉式绿地、雨水湿地	$V_6 = 9325.2 + 3364.3$
总调蓄容积/m³			$V_{总} = 28395.8 > 23284.9$		

注:(1)V_1、V_2、V_3、V_4、V_5、V_6 分别为道路、空地、村庄、厂房、建筑小区、绿地的实际可调蓄容积。

　　(2)$V_{总} = V_1 + V_2 + V_3 + V_4 + V_5 + V_6$。

三十六、第 35 号集水区

第 35 号集水区的土地利用类型统计及提取与调蓄控制容积计算结果分别如表 10-112 和表 10-113 所示,第 35 号集水区的高清影像如图 10-64 所示,第 35 号集水区的技术选择与实际可调蓄容积如表 10-114 所示。

表 10-112 第 35 号集水区的土地利用类型统计

地块	面积/m²	地貌	地块	面积/m²	地貌
0	21088.9	道路	22	51157.0	建筑与小区
1	18331.0	道路	23	127992.8	建筑与小区
2	7202.8	道路	24	31317.0	建筑与小区
3	10194.2	道路	25	75288.9	建筑与小区
4	16069.7	道路	26	182736.1	建筑与小区
5	5088.0	道路	27	10689.7	建筑与小区
6	8.9	道路	28	50559.3	建筑与小区
7	58978.0	空地	29	6785.7	建筑与小区
8	14419.6	空地	30	16976.7	绿地
9	18190.1	空地	31	38801.0	绿地
10	3153.9	水系	32	19239.6	绿地
11	3152.0	水系	33	6087.8	绿地
12	4239.6	水系	34	10215.1	绿地
13	3845.2	水系	35	8977.4	绿地
14	3663.9	水系	36	2482.8	绿地
15	3120.3	水系	37	2586.9	绿地
16	278.4	水塘	38	2778.5	绿地
17	591.8	水塘	39	209.7	绿地
18	75913.5	村庄	40	2549.7	绿地
19	41327.5	村庄	41	28085.0	绿地
20	42933.8	村庄	42	10909.0	绿地
21	81943.2	建筑与小区	43	160174.8	村庄

表 10-113　第 35 号集水区的提取与调蓄控制容积计算结果

地块类型	面积/m²	径流系数(ψ)
道路	77983.6	0.9
空地	91587.7	0.15
水系	21174.9	1
水塘	870.3	1
村庄	160174.8	0.5
建筑与小区	618469.6	0.6
绿地	149899.2	0.15
总面积/m²	1120160.0	
平均径流系数	0.51	
年径流总量控制率/%	70	
设计降雨量/mm	22.9	
调蓄控制容积/m³	13082.4	

图 10-64　第 35 号集水区的高清影像

表 10-114　第 35 号集水区的技术选择与实际可调蓄容积

序号	地块类型	面积/m²	有效面积/m²	技术选择	实际可调蓄容积/m³
1	道路	77983.6	—	—	$V_1=0$
2	空地	91587.7	91587.7	雨水湿地	$V_2=18317.5$
3	水系	21174.9	—	—	$V_3=0$
4	水塘	870.3	—	—	$V_4=0$
5	村庄	160174.8	—	—	$V_5=0$
6	建筑与小区	618469.6	1800.0	复杂生物滞留设施（23 地块）	$V_6=360.0$
7	绿地	149899.2	89939.52	下沉式绿地	$V_7=8993.9$
总调蓄容积/m³		$V_总=27671.4>13082.4$			

注：(1)V_1、V_2、V_3、V_4、V_5、V_6、V_7分别为道路、空地、水系、水塘、村庄、建筑与小区、绿地的实际可调蓄容积。

(2)$V_总=V_1+V_2+V_3+V_4+V_5+V_6+V_7$。

三十七、第 36 号集水区

第 36 号集水区的土地利用类型统计及提取与调蓄控制容积计算结果分别如表 10-115 和表 10-116 所示，第 36 号集水区的高清影像如图 10-65 所示，第 36 号集水区的技术选择与实际可调蓄容积如表 10-117 所示。

表 10-115　第 36 号集水区的土地利用类型统计

地块	面积/m²	地貌	地块	面积/m²	地貌
0	3317.4	绿地	14	4016.0	建筑用地
1	925.9	绿地	15	6539.0	建筑用地
2	1594.3	绿地	16	1009.8	建筑用地
3	9812.9	绿地	17	18819.7	闲置土地
4	23095.7	绿地	18	1524.9	闲置土地
5	10034.9	绿地	19	51525.3	闲置土地

续表

地块	面积/m²	地貌	地块	面积/m²	地貌
6	15852.9	绿地	20	39391.4	闲置土地
7	11872.4	绿地	21	11513.0	闲置土地
8	5061.4	绿地	22	163.4	绿地
9	4406.1	绿地	23	343.0	建筑用地
10	361.3	绿地	24	7421.9	建筑用地
11	173.8	绿地	25	20262.6	闲置土地
12	147465.3	建筑用地	26	45153.0	道路
13	935.4	建筑用地	27	3703.3	闲置土地

表 10-116　第 36 号集水区的提取与调蓄控制容积计算结果

地块类型	面积/m²	径流系数(ψ)
绿地	86672.3	0.15
道路	45153.0	0.9
建筑用地	167730.5	0.8
空地	146740.3	0.15
总面积/m²	446296.0	
平均径流系数	0.47	
年径流总量控制率/%	75	
设计降雨量/mm	27.4	
调蓄控制容积/m³	5749.5	

图 10-65 第 36 号集水区的高清影像

表 10-117 第 36 号集水区的技术选择与实际可调蓄容积

序号	地块类型	面积/m²	有效面积/m²	技术选择	实际可调蓄容积/m³
1	绿地	86672.3	2400.0+45441.0	下沉式绿地、雨水湿地	$V_1=240.0+4544.1$
2	道路	45153.0	—	—	$V_2=0$
3	建筑用地	167730.5	—	绿色屋顶	$V_3=0$
4	空地	146740.3	139529.3	雨水湿地	$V_4=13952.9$
总调蓄容积/m³		$V_总=18637.0>5749.5$			

注:(1)V_1、V_2、V_3、V_4分别为的绿地、道路、建筑用地、空地实际可调蓄容积。

(2)$V_总=V_1+V_2+V_3+V_4$。

三十八、第 37 号集水区

第 37 号集水区的土地利用类型统计及提取与调蓄控制容积计算结果分别

如表 10-118 和表 10-119 所示,第 37 号集水区的高清影像如图 10-66 所示,第 37 号集水区的技术选择与实际可调蓄容积如表 10-120 所示。

表 10-118 第 37 号集水区的土地利用类型统计

地块	面积/m²	地貌	地块	面积/m²	地貌
0	3187.2	绿地	12	55336.0	道路
1	16487.9	绿地	13	3847.8	绿地
2	18237.9	绿地	14	7029.3	水塘
3	12359.6	绿地	15	20060.8	建筑用地
4	24483.9	绿地	16	29614.9	建筑用地
5	6545.4	绿地	17	3945.8	建筑用地
6	8018.3	绿地	18	53087.7	建筑用地
7	3150.9	绿地	19	35684.7	建筑用地
8	11488.9	绿地	20	6640.3	建筑用地
9	695.2	绿地	21	9582.9	建筑用地
10	1230.2	绿地	22	1827.1	道路
11	411.0	绿地	23	9439.1	建筑用地

表 10-119 第 37 号集水区的提取与调蓄控制容积计算结果

地块类型	总面积/m²	径流系数(ψ)
绿地	106957.2	0.15
道路	57163.0	0.8
建筑用地	168056.1	0.8
水塘	7029.3	1
总面积/m²	336018.4	
平均径流系数	0.60	
年径流总量控制率/%	70	
设计降雨量/mm	22.9	
调蓄控制容积/m³	4616.9	

图 10-66　第 37 号集水区的高清影像

表 10-120　第 37 号集水区的技术选择与实际可调蓄容积

序号	地块类型	面积/m²	有效面积/m²	技术选择	实际可调蓄容积/m³
1	绿地	106957.2	57253.0＋21234.4	雨水湿地、下沉式绿地	$V_1 = 5725.3 + 2123.4$
2	道路	57163.0	—	—	$V_2 = 0$
3	建筑用地	168056.1	—	绿色屋顶	$V_3 = 0$
4	水塘	7029.3	—	—	$V_4 = 0$
总调蓄容积/m³		$V_总 = 7848.7 > 4616.9$			

注：(1) V_1、V_2、V_3、V_4 分别为的绿地、道路、建筑用地、水塘实际可调蓄容积。

　　(2) $V_总 = V_1 + V_2 + V_3 + V_4$。

第十节　新区核心区总调蓄容积

新区核心区"海绵城市"专项规划总示意图如图 10-67 所示,总调蓄容积结果如表 10-121 所示。

图 10-67　新区核心区 38 个集水区的地块划分总图

表 10-121　新区核心区的总调蓄容积

集水区	年径流总量控制率/%	设计降雨量/mm	面积/m²	平均径流系数	设计调蓄容积/m³	实际可调蓄容积/m³
第 0 号集水区	80	33.6	190855.60	0.47	3039.06	3788.73
第 1 号集水区	75	27.4	945753.67	0.53	13725.89	30769.67
第 2 号集水区	70	22.9	593137.34	0.73	9920.51	9936.11
第 3 号集水区	70	22.9	248429.90	0.68	3854.00	5244.49
第 4 号集水区	70	22.9	303300.56	0.69	4819.54	7149.88

续表

集水区	年径流总量控制率/%	设计降雨量/mm	面积/m²	平均径流系数	设计调蓄容积/m³	实际可调蓄容积/m³
第 5 号集水区	80	33.6	559614.07	0.43	8134.84	24763.12
第 6 号集水区	85	42.2	1067618.33	0.23	10332.62	20513.64
第 7 号集水区	70	22.9	602072.33	0.53	7337.98	18056.66
第 8 号集水区	75	27.4	874560.62	0.55	13124.95	11326.31
第 9 号集水区	75	27.4	390730.34	0.52	5532.58	12163.09
第 10 号集水区	75	27.4	781900.28	0.55	11824.80	12947.16
第 11 号集水区	70	22.9	72816.23	0.63	1045.00	1217.54
第 12 号集水区	80	33.6	796771.45	0.41	10947.76	22579.69
第 13 号集水区	85	42.2	373609.33	0.54	8510.16	9857.81
第 14 号集水区	80	33.6	1541065.17	0.48	24602.41	57366.23
第 15 号集水区	85	42.2	1798568.08	0.37	28208.28	49925.27
第 16 号集水区	85	42.2	2140394.14	0.31	28369.77	29551.83
第 17 号集水区	80	33.6	881343.59	0.35	10285.42	23641.27
第 18 号集水区	85	42.2	380956.08	0.56	9073.17	10201.27
第 19 号集水区	85	42.2	707809.90	0.27	8148.98	11336.63
第 20 号集水区	85	42.2	1534432.08	0.46	29773.90	80805.24
第 21 号集水区	80	33.6	553416.42	0.53	9834.37	13980.36
第 22 号集水区	75	27.4	2710635.18	0.58	43336.36	43452.09
第 23 号集水区	80	33.6	661635.45	0.51	11432.39	20750.91
第 24 号集水区	75	27.4	427588.82	0.56	6525.41	6930.31
第 25 号集水区	75	27.4	509692.21	0.57	8022.06	11828.39
第 26 号集水区	75	27.4	861045.09	0.56	13275.31	21286.09
第 27 号集水区	75	27.4	424856.98	0.56	6493.97	6507.69
第 28 号集水区	75	27.4	497622.26	0.57	7720.14	13759.81
第 29 号集水区	80	33.6	293222.84	0.63	6212.51	7542.73
第 30 号集水区	70	22.9	432174.53	0.83	8260.45	8323.27
第 31 号集水区	75	27.4	219527.23	0.62	3708.88	7173.53

续表

集水区	年径流总量控制率/%	设计降雨量/mm	面积/m²	平均径流系数	设计调蓄容积/m³	实际可调蓄容积/m³
第 32 号集水区	75	27.4	434045.08	0.59	7036.98	12936.27
第 33 号集水区	75	27.4	324161.88	0.67	5911.58	12622.18
第 34 号集水区	80	33.6	1212733.56	0.57	23284.93	28395.72
第 35 号集水区	70	22.9	1122249.54	0.51	13135.29	27671.40
第 36 号集水区	75	27.4	446296.04	0.47	5749.45	18637.05
第 37 号集水区	70	22.9	339205.59	0.60	4616.90	7848.65
总地块	年径流总量控制率/%	设计降雨量/mm	面积/m²	平均径流系数	设计调蓄容积/m³	实际可调蓄容积总和/m³
	78.4	—	28255847.77	0.49	435481.48	722788.09

第十一节　新区核心区"海绵城市"规划指标考核

根据各地块的具体条件,通过技术经济分析,合理选择了单项或组合控制指标,并对指标进行了合理分配(标"★"的为重点考核指标),如下所示:

(1)不透水地面比例(★)。

(2)城市绿地率、下沉式绿地率及下沉深度(★)。

(3)水域面积率(池塘、水库等总面积)(★)。

(4)绿色屋顶率。

(5)透水铺装率。

(6)其他。

由前面章节的研究结果可知,新区核心区的综合径流系数为 0.49,小于 0.5;年径流总量控制率为 78.4%,满足青岛市下发的《关于加快推进"海绵城市"建设的实施意见》中大于 75% 的要求;对应的设计降雨量为 26.5 mm,设计调蓄容积为 435481.48 m³,实际可调蓄容积为 722788.09 m³,即遇到降雨每次最多可减少的径流总量为 722788.09 m³。

由表 10-122 和表 10-123 可以看出,完成"海绵城市"建设规划后,新区核心区的不透水面积率为 38.1%,比规划前降低了约 15.1%;城市绿地率为 43.6%,下沉式绿地率为 70%,下沉深度为 100～200 mm;水域面积率为 13.5%。

表 10-122　重点考核指标统计表

集水区	不透水面积/m²	绿地/m²	水域面积/m²
第 0 号集水区	54317.7	98769.2	6307.7
第 1 号集水区	461287.7	220427.9	87269.1
第 2 号集水区	363143.4	74361.0	2500.0
第 3 号集水区	137889.5	51444.8	100.0
第 4 号集水区	120058.5	114113.6	26197.8
第 5 号集水区	100976.2	400608.0	89884.1
第 6 号集水区	95205.8	901980.6	104972.5
第 7 号集水区	281753.8	199566.9	74556.0
第 8 号集水区	423074.5	229412.3	133735.4
第 9 号集水区	175259.0	121631.6	42505.5
第 10 号集水区	386898.5	179118.0	23782.1
第 11 号集水区	31573.2	11176.7	100.0
第 12 号集水区	321977.1	296001.5	96904.2
第 13 号集水区	125503.9	179911.4	53227.9
第 14 号集水区	560838.3	313663.7	201006.7
第 15 号集水区	234221.5	1463966.0	159258.6
第 16 号集水区	329310.5	1575169.1	211341.1
第 17 号集水区	236293.0	488173.1	177078.7
第 18 号集水区	73624.3	103372.7	33551.2
第 19 号集水区	11184.0	634728.6	65104.1
第 20 号集水区	430369.3	867918.9	549521.9
第 21 号集水区	191912.8	261627.9	125803.5
第 22 号集水区	1322922.1	770919.0	150145.4
第 23 号集水区	227706.5	318550.8	163830.2
第 24 号集水区	191732.6	119833.9	83424.0
第 25 号集水区	243129.3	147924.3	93826.6

续表

集水区	不透水面积/m²	绿地/m²	水域面积/m²
第 26 号集水区	438932.5	233998.7	55170.0
第 27 号集水区	253441.6	62797.6	8503.1
第 28 号集水区	238046.4	157555.9	63838.4
第 29 号集水区	163394.8	59801.62	19818.6
第 30 号集水区	178297.7	66670.1	125612.6
第 31 号集水区	78334.8	75771.6	102684.6
第 32 号集水区	186166.6	144237.5	113460.6
第 33 号集水区	85950.4	98807.5	125270.1
第 34 号集水区	695817.5	218708.6	95775.6
第 35 号集水区	599639.6	241486.9	57716.4
第 36 号集水区	149018.5	233412.6	96090.6
第 37 号集水区	157653.4	106957.2	64282.3
面积之和/m²	10356856.8	11844577.0	3684157.2

表 10-123   考核结果

考核指标	不透水面积率	城市绿地率	水域面积率
考核结果	38.1%	43.6%	13.5%

第十二节   "海绵城市"建设与防洪的关系

近年来,极端天气日益突出,暴雨频发,城市内涝受灾区域不断扩大,经常造成重大的人员和财产损失;与此同时,雨水地表径流带来的污染也日益严重。面对这种情况,从雨水防洪防汛的角度出发,有必要加强城市防洪排涝基础设施建设,也有必要建立城市排水远程监控系统,以实现远程监控和远程调度。加强城市防洪排涝基础设施建设的主要措施包括整治河道,改造排水管网,建设排水泵站,增加透水地面面积。其中,增加透水地面面积既可以减轻城市的排水和防洪压力,又可以让城市留住雨水,使雨水迅速渗入地下,补充土壤水和地下水。

虽然"海绵城市"具有雨水防洪防涝功能与储存雨水资源的功能,但"海绵城市"的防洪是相对性的,只在降雨强度较低、降雨量较少的情况下才具有一定的防洪功能。如果遇到 20 年一遇、50 年一遇甚至 100 年一遇的降雨,或者遇到短时间内降雨强度较大的暴雨,那么"海绵城市"起到的防洪效果将不甚理想,此时城市因暴雨形成的洪涝只能通过河流通道泄走。

从数据上来看,在完成"海绵城市"建设后,青岛市西海岸新区核心区年径流总量控制率为 78.4%,对应的设计降雨量为 26.5 mm,总调蓄容积为 719582.5 m³。西海岸新区核心区发生 50 年一遇的暴雨时,降雨强度为 25 mm/d,总降雨量为 7028143.1 m³,远远大于总调蓄容积 722788.1 m³,此时"海绵城市"起到的防洪作用甚微。

2016 年 7 月,黄岛就曾发生过日降雨量高达 76.5 mm 的情况,是"海绵城市"设计降雨量 26.5 mm 的 2.89 倍。但是,新区核心区在几乎未开展"海绵城市"建设的情况下,通过河流与水系,将暴雨径流通过风河、隐珠河、两河、青草沟等水系排入灵山湾,未对城市造成洪涝灾害与经济损失。虽然"海绵城市"的防洪是相对性的,但是"海绵城市"带来的经济效益和生态效益却是无法估量的(尤其是生态效益)。所以,在城市开发建设与发展的过程中,应当提倡和开展"海绵城市"建设,尤其是对尚未开始建设的新城区而言。

此外,分析"海绵城市"的六字方针("渗、滞、蓄、净、用、排")可以看出,"海绵城市"的建设目标是针对"涝",但要真正解决"涝"的问题,就必须解决如何"排"和如何能"排"的问题,并明确各种降雨情况下的排水方案与应急措施。也就是说,"海绵城市"建设若要真正起到排涝防洪的作用,就需要与排水体系、河湖水系、蓄洪池等进行有机联动。

第十三节 对"海绵城市"综合效益的定量计算

在"海绵城市"雨水利用综合效益评价指标中,既有可以直接定量计算的指标,如雨水置换自来水的收益、节省城市排水设施的运行费用等;也有不能直接计算,只能间接估算的指标,如防止地面沉降、保护城市水环境的经济价值等;还有一些指标是无法量化的。对此,可以将"海绵城市"雨水利用产生的经济效益、生态效益和社会效益与可用的估价技术进行整合,来具体计算"海绵城市"

建设带来的综合效益。

一、经济效益评估

对"海绵城市"雨水利用的经济效益的粗略评估如下：

(一)雨水置换自来水的收益

把蓄水池所收集的雨水作为生活用水使用,可以代替或置换自来水,从而减少了自来水的相关费用,节省的这部分费用即为雨水置换自来水的收益,可依照自来水的价格进行计算。就目前而言,我国的水价是不完全水价,若考虑水资源的价值,则应使用"影子水价"来计算。当前,我国水资源的平均"影子水价"为 4.1 元/m³,在新区核心区的例子中,相关计算过程为:

$C_1 = Q_1 \times K_1$

因为 $Q_1 \approx Q_{降雨量} \times \Delta_{年径流总量控制率}$

$Q_{降雨量} = H \times S = 0.734 \times 28.2 \times 10^6 \approx 2.1 \times 10^7 \ m^3$

$\Delta_{年径流总量控制率} = (0.784 - 0.414) \times 100\% = 37\%$

所以 $C_1 = 2.0 \times 10^7 \times 0.37 \times 4.1 = 3.03 \times 10^7$(元)

式中,C_1 为新区核心区雨水置换自来水收益与补充涵养地下水的效益之和,Q_1 为雨水置换自来水量与补充涵养地下水量之和,K_1 为我国水资源的平均"影子水价"(补充涵养单位体积地下水的效益与水资源的平均"影子水价"相同)。

(二)节省城市排水设施的运行费用

雨水收集利用以及渗入地下后,可减少向市政管网排放的雨水量。本研究在计算这项效益时,不考虑管网建设费用,只考虑管网运行费用和节省的污水处理费用。青岛市的管网运行费用约为 0.1 元/m³,污水处理费用约为 1 元/m³。因此,每减少雨水外排量 1 m³,可节省的费用为 1.1 元。在新区核心区的例子中,相关计算过程为:

$C_2 = Q_2 \times K_2$

因为 $Q_2 = Q_{降雨量} \times \Delta\gamma$

$\Delta\gamma = \gamma_{"海绵城市"建设前} - \gamma_{"海绵城市"建设后} = (0.586 - 0.490) \times 100\% = 9.6\%$

所以 $C_2 = 2.0 \times 10^7 \times 0.096 \times 1.1 = 2.11 \times 10^6$(元)

式中,C_2 为新区核心区节省城市排水收益的运行费用,Q_2 为节省城市排水的量,K_2 为每减少 1 m³ 的雨水外排量可节省的费用,H 为降雨深度,S 为新区核心区总面积,$\Delta\gamma$ 为径流系数差。

（三）城市水环境的经济价值

适宜的水环境面积有利于改善城市的生存环境,提高城市的品位,创造良好的投资环境,从而加快城市的可持续发展,带动当地的旅游产业和房地产增值。

二、生态效益评估

对"海绵城市"雨水利用的生态效益的粗略评估如下:

（一）净化水质的效益

在雨水生态化利用的过程中,雨水的传输通道及储存介质（如明沟、人工湿地、集水塘等）对雨水中的污染物具有一定的自然净化能力。例如在湿地系统中,所有的生物通过化学过程,可以把可溶性磷转化为难溶性的颗粒磷,再通过沉积作用进入生物圈。屋顶花园、人工湖与雨水池塘中的污染物也会在微生物及植物的共同作用下发生降解。这种自然净化作用可使进入城市水体中的面源污染物大为减少,促进城市水体的水质改善。据分析,为消除污染,每投入1 元可减少的环境资源损失是 3 元,即投入一产出比为 1∶3。在新区核心区的例子中,相关计算过程为:

$C_3 = Q_3 \times K_3$

因为 $Q_3 = Q_2$

所以 $C_3 = 2.11 \times 10^6 \times 3 = 6.33 \times 10^6$（元）

式中,C_3 为新区核心区净化水质的收益,Q_3 为净化水质的量,K_3 为每净化 $1\ \text{m}^3$ 的水减少的环境资源损失量。

（二）补充地下水,涵养水源的效益

通过雨水下渗设施回灌补充地下水后,可提高地下水位,减缓地面沉降,防止海水倒灌。经研究,通过下渗补充地下水时,单位体积集水量的效益需要按照水资源的"影子水价",即 4.1 元$/\text{m}^3$ 来计算。补充地下水、涵养水源所产生的经济效益合并在雨水置换自来水的收益中一起计算。

（三）促进城市自然生态系统的良性循环

硬化地面的减少以及人工回灌地下水,有利于改善大气水、地表水、地下水三者之间正常的水分循环和水量转换,恢复自然水文循环状态,增加土壤的水分含量,促进植被生长,营造城市小气候,缓解城市的"热岛效应",并有助于消解噪声、美化环境和净化大气污染。建设的湿地、人工湖等可以增加城市的绿色面积,提高人居环境质量,并为某些生物物种提供稳定的栖息地,使城市成为生物多样性的保护与表达场所。

三、社会效益评估

对"海绵城市"雨水利用的社会效益的粗略评估如下:

(一)防洪排涝产生的效益

建设"海绵城市"雨水利用设施后,可减少地表径流和地面积水,减缓洪峰流量,获得防洪排涝效益。

(二)提供就业机会,解决就业问题

实施"海绵城市"雨水利用工程,可带来直接和间接的就业效果。直接提供的就业机会包括工程实施期间以及后期雨水利用维护方面的工作等;间接提供的就业机会包括对雨水利用设施的需求量增大,促进雨水利用设备制造的劳动需求等。

(三)城市水文化功能

水文化是一种反映水与人类社会、政治、经济、文化等关系的行业文化,其内容包括艺术作品、水运文化、水利文化、宗教信仰、科学著作、体育运动等。

(四)提高社会的节水意识,提高人们的整体素质

"海绵城市"雨水利用工程能够使居民在休闲、娱乐的同时,接受水资源和环保意识的教育,增强人们惜水、节水和利用雨水的意识,有利于可持续发展战略的深入落实。

四、综合效益评估

综上所述,不考虑未量化的效益,进行"海绵城市"建设后,新区核心区每年的综合效益评估值约为:

$$C_{总} = C_1 + C_2 + C_3 = 3.03 \times 10^7 + 2.11 \times 10^6 + 6.33 \times 10^6 = 2.15 \times 10^7 (元)$$

第十四节　本章小结

本章结合前文的阐述,以青岛市西海岸新区核心区为例,进行了示范区推

广应用的详细研究。首先,笔者对面积约 30 km² 的研究区进行了现状调查分析与研究;然后,根据实际的现场调研结果,指出了研究区存在的一些水生态环境问题,并以第一章第三节的技术路线为主线,对集水区划分、土地利用类型提取、计算调蓄容积、技术选择、确定建设时序等内容进行了详细的研究;最后,给出了研究区的总设计调蓄容积与实际可调蓄容积,还给出了年径流总量控制率、不透水面积率、城市绿地率、水域面积率等指标的考核结果。另外,本章还以示意图的形式,对传统城市雨水收集管理系统与"海绵城市"雨水收集管理系统进行了对比,对"海绵城市"与防洪的关系、"海绵城市"的综合效益等进行了详细论述。

具体的相关结论为:规划后,28.2 km² 的新区核心区的综合径流系数为 0.49,小于 0.5;年径流总量控制率为 78.4%,满足青岛市下发的《关于加快推进"海绵城市"建设的实施意见》中大于 75% 的要求;对应的设计降雨量为 26.5 mm,设计调蓄容积为 435481.48 m³,实际可调蓄容积为 722788.09 m³;不透水率为 38.1%,比规划前降低了约 15.1%;城市绿地率为 43.6%,其中下沉式绿地率为 70%,下沉深度为 100~200 mm;水域面积率为 13.5%;"海绵城市"建设带来的综合效益约为 2.15×10^7 元/年。

第十一章　加快推进"海绵城市"规划建设

第一节　推进"海绵城市"规划建设的相关策略

一、加强规划引导，将"海绵城市"的理念纳入各层面的规划之中

"海绵城市"规划建设与城市防洪排涝、水资源配置等工作密切相关。在城乡规划编制中，必须落实总体规划中提出的各类"海绵城市"规划目标，通过科学划定"绿线""蓝线"等开发边界，最大限度地保护原有河流、湖泊、湿地等自然资源，将"海绵城市"的理念与建设要求融入生态保护、四区划定、水资源、绿地系统、环境保护、市政与交通设施等各类专项规划编制中。

在控制性详细规划中，要综合考虑建设主体、排水防涝等因素，将所在区域的径流总量控制目标分解，并纳入地块规划控制指标，同时将透水铺装率、下沉式绿地率、屋顶绿化率等 LID 的设施要求纳入控制规划指标中。城市排水防涝综合规划、园林绿地系统规划等专项规划也必须与"海绵城市"的建设目标与要求无缝衔接。

二、制定"海绵城市"建设的相关配套政策，加强规划建设审批过程

要研究制定相关政策，支持"海绵城市"建设依法依规推进。2016 年 4 月 5 日，青岛市发布了《青岛市城市区域雨水排放管理暂行规定》（青城管〔2016〕51 号），其中明确提出，在建设项目的土地出让和划拨环节，规划主管部门将地块径流总量控制指标纳入规划设计条件中；在建设工程施工图审查环节，审图

机构重点审查地块径流总量控制指标对应的相关工程设施的设计,并出具评价结论;在建设工程施工许可环节,城乡建设主管部门将径流量相关工程措施作为重点审查内容;在建设工程竣工验收环节,应当写明"海绵城市"相关工程措施的落实情况,城乡建设主管部门会同相关部门对其进行重点评估。

城乡规划主管部门要在项目地块规划设计条件,或在新建、改建项目的方案审查中重点审查项目用地中的雨水调蓄设施,审查下沉式绿地、透水铺装、初期雨水弃流设施等 LID 设施的系统设计内容与控制规划,或审查"海绵城市"建设相关专项规划规定中有关指标的符合性。只有完善这些配套政策并推行实施,才能为"海绵城市"建设奠定基础。

三、选取适合开展"海绵城市"建设的项目试点,以点带面,有序推进

"海绵"本身就具有吸水性和弹性两方面的特性,因此"海绵城市"这一概念在宣传普及和规划建设方面都是易于表达且通俗易懂的。但是,"海绵城市"不能仅仅停留在概念上或理念上,它是由一个个地块项目的建设构成的,所以要选取雨洪资源利用潜力大的小区、园区等项目,开展"海绵城市"建设试点示范,并给予资金等各方面的支持,积极探索"海绵城市"的建设模式和实现路径,如屋顶绿化、下沉式绿地、透水铺装等。同时,要结合项目范围内再生水的利用,使"海绵城市"在干旱季节也能充分吸水,实现污水零排放、雨水尽量吸收,达到水资源综合利用的目的。

新常态下,城市规划改革必然会在生态可持续发展的方向进行更多的探索,而建设住区"海绵型"环境正好契合"创新、协调、绿色、开放、共享"的发展理念。住区"海绵型"生态项目建设不仅可以作为一种模式,以点带面进行广泛推广,更可以作为一种政府生态工作理念的基层表达载体,使"海绵城市"的发展理念落到实处,在住区项目建设中使用渗水材料、布置下沉式绿地、调蓄水池等雨水回收利用方法,真正改善人民群众的生活环境,使"海绵城市"绿色、生态的发展理念深入人心。

四、进一步细化和落实"海绵城市"建设绩效评价和考核办法

为科学、全面地评价"海绵城市"建设成效,住房和城乡建设部于 2015 年出台了《"海绵城市"建设绩效评价与考核办法(试行)》,将相关考核指标分为水生态、水环境、水资源、制度建设及执行情况、显示度六大类别,并进一步细分为18 个指标。建议各地结合实际情况,进一步细化和落实"海绵城市"建设绩效评

价和考核办法,明确各个限制性指标。

五、加强对"海绵城市"雨水资源收集利用的宣传教育

城市的雨水收集利用与人们的生活联系相关,需要得到民众的广泛参与和支持才能取得成效。因此,需要通过各种方式进行宣传教育,使人们理解雨水收集利用工程所能带来的各方面效益,提高人们自觉参与的意识。在教育和参与中,逐步加强民众的环保和节约意识,使民众认识到城市雨水收集利用在人类经济和社会发展中的重要作用,从而自觉地参与到推动城市雨水资源收集利用的行列中去。

六、加强"海绵城市"建设的技术发展

我们应该从"海绵城市"建设的规划、设计、开发等角度出发,强化"海绵城市"建设的绿色创新发展道路。鉴于"海绵城市"建设的复杂性、综合性和缺乏成功经验模式等原因,笔者建议及时总结提炼国家"海绵城市"建设试点在规划设计和实际操作等方面的阶段性成果,并在相互之间展开交流。

第二节　结语与展望

笔者通过以青岛市西海岸新区核心区为例,对"海绵城市"的规划建设进行了初步探索,构建了"现状条件评估→集水区划分→土地利用类型提取→计算调蓄容积→技术选择与确定建设时序"的简明基本步骤。由于时间仓促,本研究在"海绵城市"规划建设的探索研究过程中存在未考虑径流污染,未建立或引入合适的模型对年径流总量控制率进行定量计算,未从流域的角度把所有的集水区串联成网络等不足。但是,本研究不仅创新性地开辟出了一条"海绵城市"规划的基本路径,并且通过青岛市西海岸核心区进行了示范推广研究;更为重要的是,本研究对解决北方滨海城市的雨洪灾害防控问题、雨水资源利用、水生态文明建设等方面具有较好的示范与借鉴意义。今后,应当以建设"海绵城市"的理念引领城市发展,以生态、安全、活力的"海绵建设"塑造城市新形象,实现"水生态良好,水安全保障,水环境改善,水景观优美,水文化丰富"的城市发展战略目标。

第三节　本章小结

　　本章基于上述各章节的分析,从多个方面给出了如何推进"海绵城市"建设的具体措施,如强化规划引领,将"海绵城市"的理念纳入各层面的规划中;制定"海绵城市"相关配套政策,加强规划建设审批过程;选取适合"海绵城市"建设的项目试点,以点带面,有序推进;尽快出台"海绵城市"雨水资源利用的相关规定,加强对"海绵城市"雨水资源利用的宣传教育,加强对"海绵城市"雨水资源利用的技术研究等。

附录 SD 模型中的方程

(1)海水淡化量:([(0,0)-(3000,10)],(2011,0.03),(2020,0.109),(2030,1.556))

(2)地表水源可供量:([(2011,0)-(2035,10)],(2011,6.0097),(2020,6.304),(2030,6.597))

(3)地下水源可供量:([(2010,0)-(2035,10)],(2011,3.6677),(2020,2.191),(2030,2.191))

(4)万元产值工业用水量:([(2010,0)-(2035,10)],(2011,1.44),(2020,0.894),(2030,0.413))

(5)污水处理率:([(2010,0)-(2035,100)],(2011,0.9),(2020,0.96),(2030,0.98))

(6)农村生活用水定额:([(2010,0)-(2035,70)],(2011,59),(2020,60),(2030,65))

(7)城镇生活用水定额:([(2010,0)-(2035,200)],(2011,107),(2020,110),(2030,115))

(8)城市化率:([(2010,0)-(2035,90)],(2011,0.63),(2020,0.75),(2030,0.9))

(9)道路面积增长量=道路面积×道路面积增长率

(10)农业灌溉面积增长量=农田灌溉面积×农业灌溉面积增长率×(1−2×缺水程度×0.01)

(11)绿地面积增长量=绿地面积×绿地面积增长率

(12)人口增长速度=总人口×人口增长速率×(1−1×缺水程度×0.01)

(13)工业产值增长速度=工业产值×工业产值增长率×(1−2×缺水程度

×0.01)

(14)总人口＝INTEG(人口增长速度,879.51)

(15)工业产值＝INTEG(工业产值增长速度,13278)

(16)农田灌溉面积＝INTEG(农业灌溉面积增长量,33.169)

(17)道路面积＝INTEG(道路面积增长量,0.6605)

(18)绿地面积＝INTEG(绿地面积增长量,1.8013)

(19)总需水量＝工业需水量＋生活需水量＋农业需水量＋城市环境需水量

(20)供需差额＝水资源可供量－总需水量

(21)生活需水量＝农村生活需水量＋城镇生活需水量

(22)农村生活需水量＝农村人口×农村生活用水定额×365/10000000

(23)城镇生活需水量＝城市人口×城镇生活用水定额×365/10000000

(24)城市人口＝总人口×城市化率

(25)农村人口＝总人口－城市人口

(26)城市环境需水量＝道路洒水用水量＋浇灌绿地用水量

(27)道路洒水用水量＝道路面积×道路洒水用水定额×365/1000

(28)浇灌绿地用水量＝绿地面积×浇灌绿地用水定额/10000

(29)农业需水量＝农田灌溉用水定额×农田灌溉面积/10000

(30)工业需水量＝工业总产值×万元工业产值用水量/10000

(31)水资源可供量＝地表水源供水量＋地下水源供水量＋海水淡化量＋污水处理回用量

(32)污水处理回用量＝污水处理量×污水再生回用率

(33)污水处理量＝污水总量×污水处理率

(34)污水总量＝工业废水排放量＋生活污水量

(35)生活污水量＝生活需水量×生活污水排放系数

(36)工业废水排放量＝工业需水量×工业用水排放系数

(37)缺水程度＝供需差额/水资源可供量

作者的相关成果

[1]张相忠,王晋,韩萍,等.基于 SD-MOM 模型的水资源可持续利用研究——以青岛市为例[J/OL].水文:1-7[2021-11-29]. DOI:10.19797/j.cnki. 1000-0852.20210086.

[2]张相忠,王晋,王琳."海绵城市"的规划建设探索——以青岛市西海岸新区核心区为例[J].城市发展研究,2017,24(6):161-164.

[3]WANG J,ZHOU L L,HAN P,et al. The impact of urbanization and LID technology on hydrological effect[J]. Journal of Coastal Research,2020, 102(sp1):14-22.

[4]王晋,王琳,王琰,等.生态引领、多规融合,建设以小流域为控制单元的"海绵城市"[J].生态经济,2017,33(12):195-197,227.

[5]王晋,王琳,康慧敏.基于流域单元的水质安全评价及综合管理研究——以即墨市为例[J].城市环境与城市生态,2016,29(5):32-36.

[6]韩萍,王晋,张相忠.基于多源 DEM 数据的小流域水文特征提取分析[J/OL].中国农村水利水电:1-9[2021-11-17]. http://kns.cnki.net/kcms/detail/42.1419.tv.20211116.2035.014.html.

[7]王琳,王晋,康慧敏,等.经济增长与水环境变化耦合性研究[J].数学的实践与认识,2019,49(8):63-70.

[8]韩萍,刘健,郭静娴,等.城市污染河道水体环境修复技术研究进展[J].绿色科技,2021,23(22):73-75.

[9]王晋,张相忠,刘兵,等.一种滨海城市水资源可持续利用系统的构建方法及应用[P].专利号:202110518757.X(实审中).

[10]王琳,王晋.一种确定"海绵城市"建设中各地块低影响开发施工时序方法[P].专利号:2018103377510(实审中).

参考文献

一、中文文献

[1]北京市城市节约用水办公室.北京实现水资源可持续利用的对策[M].北京:社会科学文献出版社,2002.

[2]杨志峰.流域水资源可持续利用保障体系——理论与实践[M].北京:环境科学与工程出版中心,2003.

[3]李波.水资源保护与生态建设战略研究[M].北京:北京师范大学出版社,2008.

[4]刘国东.河流开发、保护与水资源可持续利用[M].北京:中国水利水电出版社,2008.

[5]杜贞栋.山东省水资源可持续利用研究[M].郑州:黄河水利出版社,2011.

[6]黄永,马春青,赵兴龙.淄博市水资源综合调查评价[M].青岛:山东省地图出版社,2011.

[7]田明华,高秋杰,刘诚.中国主要木质林产品虚拟水测算和虚拟水贸易研究[M].北京:中国林业出版社,2012.

[8]李浩.生态导向的规划变革:基于"生态城市"理念的城市规划工作改进研究[M].北京:中国建筑工业出版社,2013.

[9]陈亚宁,杜强.博斯腾湖流域水资源可持续利用研究[M].北京:科学出版社,2013.

[10]赵明,周瑞平.呼和浩特市水资源优化配置研究[M].北京:中央民族大学出版社,2014.

[11]北京建筑大学."海绵城市"建设技术指南:低影响开发雨水系统构建(试行)[M].北京:中国建筑工业出版社,2015.

[12]季冰,林上炎.南方滨海区水资源优化配置研究[M].广州:暨南大学出版社,2015.

[13]邱林,王文川.水资源优化配置与调度[M].北京:中国水利水电出版社,2015.

[14]车生泉,于冰沁,严巍."海绵城市"研究与应用[M].上海:上海交通大学出版社,2015.

[15]吴泽宁,管新建,岳利军,等.中原城市群水资源承载能力及调控研究[M].郑州:黄河水利出版社,2015.

[16]黄会平,韩宇平.虚拟水转化运移驱动机制与调控[M].北京:中国水利水电出版社,2016.

[17]伍业钢."海绵城市"设计:理念,技术,案例:concept,technology & case study[M].南京:江苏凤凰科学技术出版社,2016.

[18]俞孔坚."海绵城市"——理论与实践[M].北京:中国建筑工业出版社,2016.

[19]伍业钢."海绵城市"设计[M].南京:江苏凤凰科学技术出版社,2016.

[20]戴滢滢."海绵城市":景观设计中的雨洪管理[M].南京:江苏凤凰科学技术出版社,2016.

[21]冯尚友,梅亚东.笔谈:水与可持续发展——定义与内涵[J].水科学进展,1997,8(4):381-382.

[22]冯尚友,刘国全.水资源持续利用的框架[J].水科学进展,1997,8(4):301-307.

[23]白军红,余国营.中国水资源可持续开发利用模型及对策[J].水土保持通报,2000,20(3):38-40.

[24]方创琳.区域可持续发展与水资源优化配置研究——以西北干旱区柴达木盆地为例[J].自然资源学报,2001,16(4):341-347.

[25]潘峰,梁川,王志良,等.模糊物元模型在区域水资源可持续利用综合评价中的应用[J].水科学进展,2003,14(3):271-275.

[26]周毅.城市生态环境简论[J].吉首大学学报(社会科学版),2003,24(2):95-99.

[27]于萍萍,张进忠,林存刚.水资源现状分析及保护对策的研究[J].资源

环境与发展,2006,(2):21-27.

[28]文俊,吴开亚,金菊良,等.基于信息熵的农村饮水安全评价组合权重模型[J].灌溉排水学报,2006,25(4):43-47.

[29]陈康宁,董增川.基于生态经济理论的水资源可持续利用问题探讨[J].水科学进展,2007,18(6):923-929.

[30]李飞,贾屏,张运鑫,等.区域水资源可持续利用评价指标体系及评价方法研究[J].水利科技与经济,2007,13(11):3-5.

[31]王侍才,于喜兵,丁培龙,等.即墨市水资源开发利用中的问题与对策研究[J].现代农业,2007,(5):35-37.

[32]高孟绪,任志远,郭斌,等.基于 GIS 的中国 2000 年水足迹省区差异分析[J].干旱地区农业研究,2008,26(1):131-135.

[33]陈坚,徐跃武.可持续发展的环境伦理观——可持续发展与水资源的永续利用[J].宿州学院学报,2008,23(5):28-30.

[34]戴天晟,孙绍荣,赵文会,等.区域水资源可持续利用评价的 FAHP-PP 模型[J].长江流域资源与环境,2009,18(5):421-426.

[35]胡潭高,朱文泉,阳小琼,等.高分辨率遥感图像耕地地块提取方法研究[J].光谱学与光谱分析,2009,29(10):2703-2707.

[36]张力.城市合流制排水系统调蓄设施计算方法研究[J].城市道桥与防洪,2010,(2):130-133.

[37]白洁,王学恭.基于属性细分的甘肃省水资源可持续利用评价[J].人民黄河,2010,32(5):58-59＋61.

[38]董四方,董增川,陈康宁.基于 DPSIR 概念模型的水资源系统脆弱性分析[J].水资源保护,2010,26(4):1-3＋25.

[39]汤渎,王腊春.基于熵权法的南京市水资源可持续利用评价[J].四川环境,2010,29(1):75-79.

[40]刘珍环,王仰麟,彭建.不透水表面遥感监测及其应用研究进展[J].地理科学进展,2010,29(9):1143-1152.

[41]董淑秋,韩志刚.基于"生态海绵城市"构建的雨水利用规划研究[J].城市发展研究,2011,18(12):37-41.

[42]左俊杰,蔡永立.平原河网地区汇水区的划分方法——以上海市为例[J].水科学进展,2011,22(3):337-343.

[43]刘珍环,李猷,彭建.城市不透水表面的水环境效应研究进展[J].地理

科学进展,2011,30(3):275-281.

[44]韩宇平,雷宏军,潘红卫,等.农产品虚拟水含量计算方法研究[J].安徽农业科学,2011,39(8):4423-4426.

[45]莫琳,俞孔坚.构建城市绿色海绵——生态雨洪调蓄系统规划研究[J].城市发展研究,2012,19(5):130-134.

[46]赵珊,马小龙.浅谈水资源利用的现状及对策[J].科技致富向导,2012,(20):291-293.

[47]官卫华,刘正平,周一鸣.城市总体规划中城市规划区和中心城区的划定[J].城市规划,2013,(9):81-87.

[48]张国珍,严恩萍,洪奕丰,等.基于DEM的东江湖风景区水文分析研究[J].中国农学通报,2013,29(2):172-177.

[49]周珏琳.住房城乡建设部出台试行办法,将评价考核"海绵城市"建设效果[J].风景园林,2015,(8):10.

[50]任心欣,汤伟真."海绵城市"年径流总量控制率等指标应用初探[J].中国给水排水,2015,31(13):105-109.

[51]康丹,叶青."海绵城市"年径流总量控制目标取值和分解研究[J].中国给水排水,2015,31(19):126-129.

[52]张书函,申红彬,陈建刚.城市雨水调控排放在海绵型小区中的应用[J].北京水务,2016,(2):1-5.

[53]黄巧巧.PPP产业基金平台模式方案设计——以"海绵城市"建设为例[J].商,2016,(32):205-206.

[54]姚娜,陈方,甘升伟,等.协同学在水资源可持续利用评价中的应用研究[J].水文,2017,37(6):29-34.

[55]梁青芳,杨宁宁,董洁,等.基于FAHP-PP模型的临汾市水资源可持续利用能力评价[J].河南科学,2018,36(5):760-764.

[56]张颖,张涛,张玉林,等.论当前呼和浩特市水资源管理的突出问题与可持续发展对策[J].环境与发展,2018,30(1):96-97.

[57]杨光明,时岩钧,杨航,等.长江经济带背景下三峡流域政府间生态补偿行为博弈分析及对策研究[J].生态经济,2019,35(4):202-209+224.

[58]严定中,宋兵魁,温娟,等.天津市水资源水环境可持续发展策略研究[J].环境保护,2019,47(14):47-51.

[59]孟凡鑫,夏昕鸣,胡元超,等.中国与"一带一路"沿线典型国家贸易虚拟

水分析[J].中国工程科学,2019,21(4):92-99.

[60]叶亚琦,吴昊,王慧杰,等.城域级再生水回用复兴城市水系研究——以乌鲁木齐市为例[J].中国水利,2019,(7):34-36.

[61]周亚楠,郝凯越,李远威,等.基于虚拟水消费的西藏城乡居民水足迹计算[J].高原农业,2019,3(5):551-558+577.

[62]韩文钰,张艳军,张利平,等.基于投入产出分析的中美两国虚拟水贸易研究[J].中国农村水利水电,2020,(12):27-34+39.

[63]朱光磊,赵春子,朱卫红,等.基于生态足迹模型的吉林省水资源可持续利用评价[J].中国农业大学学报,2020,25(9):131-143.

[64]卓拉,栗萌,吴普特,等.黄河流域作物生产与消费实体水-虚拟水耦合流动时空演变与驱动力分析[J].水利学报,2020,51(9):1059-1069.

[65]付腾吉.滇中调水对昆明市水资源承载力影响研究[D].昆明:昆明理工大学硕士学位论文,2007.

[66]张蕾.中国虚拟水和水足迹区域差异研究[D].大连:辽宁师范大学硕士学位论文,2009.

[67]张兵.基于多目标模型的水资源承载力研究[M].昆明:昆明理工大学硕士学位论文,2010.

[68]李杨.城市饮用水水源地保护研究——以黄栗树水库为例[D].合肥:合肥工业大学硕士学位论文,2011.

[69]王川子.青岛市城市发展与水资源供给的矛盾及解决方案[D].青岛:中国海洋大学硕士学位论文,2011.

[70]尹鹏.哈尔滨市水资源发展态势及可持续利用评价研究[D].哈尔滨:哈尔滨工程大学博士学位论文,2011.

[71]郭晓娜.滨海地区地表水(水库)预警理论及方法研究[D].济南:山东大学硕士学位论文,2014.

[72]曲志菁.城市水资源可持续利用评价与预测研究[D].大连:大连理工大学硕士学位论文,2015.

[73]刘楚烨.基于水足迹理论的江苏省水资源可持续利用评价研究[D].南京:南京农业大学硕士学位论文,2017.

[74]刘龙涛.基于多目标模型的额济纳绿洲生态水资源优化配置研究[D].兰州:兰州交通大学硕士学位论文,2019.

[75]青岛市水务管理局.青岛市水安全保障总体规划[R/OL].(2018-08-

03)[2022-02-23]. http://swglj. qingdao. gov. cn/n28356054/upload/18121011
2119354163/181210112320745666.pdf.

[76]青岛市生态环境局.青岛市落实水污染防治行动计划实施方案[R/
OL].（2021-08-25）[2022-02-23]. http://mbee. qingdao. gov. cn：8082/edit/
uploadfile/.202108/20210825103508.pdf.

[77]青岛市水务管理局.2011 年青岛市水资源公报[EB/OL].（2012-05-02）
[2022-02-23]. http://swglj. qingdao. gov. cn/n28356054/n32562123/n3256213
6/180502105626210200.html.

[78]青岛市水务管理局.2012 年青岛市水资源公报[EB/OL].（2013-05-28）
[2022-02-23]. http://swglj. qingdao. gov. cn/n28356054/n32562123/n3256213
6/180502105852991734.html.

[79]青岛市水务管理局.2013 年青岛市水资源公报[EB/OL].（2014-05-22）
[2022-02-23]. http://swglj. qingdao. gov. cn/n28356054/n32562123/n3256213
6/180502110038210076.html.

[80]青岛市水务管理局.2014 年青岛市水资源公报[EB/OL].（2015-05-20）
[2022-02-23]. http://swglj. qingdao. gov. cn/n28356054/n32562123/n3256213
6/180502110201272344.html.

[81]青岛市水务管理局.2015 年青岛市水资源公报[EB/OL].（2016-06-16）
[2022-02-23]. http://swglj. qingdao. gov. cn/n28356054/n32562123/n3256213
6/180502110326288127.html.

[82]青岛市水务管理局.2016 年青岛市水资源公报[EB/OL].（2017-06-27）
[2022-02-23]. http://swglj. qingdao. gov. cn/n28356054/n32562123/n3256213
6/180428151826679383.html.

[83]青岛市水务管理局.2017 年青岛市水资源公报[EB/OL].（2018-05-30）
[2022-02-23]. http://swglj. qingdao. gov. cn/n28356054/n32562123/n3256213
6/180530085430341662.html.

[84]青岛市水务管理局.2018 年青岛市水资源公报[EB/OL].（2019-06-27）
[2022-02-23]. http://swglj. qingdao. gov. cn/n28356054/n32562123/n3256213
6/190628163522190151.html.

[85]青岛市水务管理局.2019 年青岛市水资源公报[EB/OL].（2020-08-17）
[2022-02-23]. http://swglj. qingdao. gov. cn/n28356054/n32562123/n3256213
6/200817164415912376.html.

［86］青岛市统计局.2019年青岛市统计年鉴［EB/OL］.（2010-09-30）［2022-02-23］.http://qdtj.qingdao.gov.cn/n28356045/n32561056/n32561073/n32561270/index.html.

［87］青岛市统计局.2011年青岛市统计年鉴［EB/OL］.（2011-08-29）［2022-02-23］.http://qdtj.qingdao.gov.cn/n28356045/n32561056/n32561073/n32561271/index.html.

［88］青岛市统计局.2012年青岛市统计年鉴［EB/OL］.（2012-09-11）［2022-02-23］.http://qdtj.qingdao.gov.cn/n28356045/n32561056/n32561073/n32561272/index.html.

［89］青岛市统计局.2013年青岛市统计年鉴［EB/OL］.（2013-09-03）［2022-02-23］.http://qdtj.qingdao.gov.cn/n28356045/n32561056/n32561073/n32561273/index.html.

［90］青岛市统计局.2014年青岛市统计年鉴［EB/OL］.（2014-09-01）［2022-02-23］.http://qdtj.qingdao.gov.cn/n28356045/n32561056/n32561073/n32561274/index.html.

［91］青岛市统计局.2015年青岛市统计年鉴［EB/OL］.（2015-08-19）［2022-02-23］.http://qdtj.qingdao.gov.cn/n28356045/n32561056/n32561073/n32561275/index.html.

［92］青岛市统计局.2016年青岛市统计年鉴［EB/OL］.（2016-09-01）［2022-02-23］.http://qdtj.qingdao.gov.cn/n28356045/n32561056/n32561073/n32561276/180324183645205542.html.

［93］青岛市统计局.2017年青岛市统计年鉴［EB/OL］.（2017-09-04）［2022-02-23］.http://qdtj.qingdao.gov.cn/n28356045/n32561056/n32561073/n32561277/180324183638284350.html.

［94］青岛市统计局.2018年青岛市统计年鉴［EB/OL］.（2018-10-17）［2022-02-23］.http://qdtj.qingdao.gov.cn/n28356045/n32561056/n32561073/n32565483/181017170033770738.html.

［95］青岛市统计局.2019年青岛市统计年鉴［EB/OL］.（2019-09-10）［2022-02-23］.http://qdtj.qingdao.gov.cn/n28356045/n32561056/n32561073/n32568240/190910092001271817.html.

［96］青岛市生态环境局.2019年青岛市生态环境状况公报［EB/OL］.（2020-06-02）［2022-02-23］.http://mbee.qingdao.gov.cn/n28356059/n32562

684/n32562687/200601110548353140.html.

[97]青岛市水利局.青岛市水源建设及配置"十三五"规划[R/OL].(2016-09-21)[2022-02-23].http://www.qingdao.gov.cn/n172/upload/170103111912105276/170103111912783287.pdf.

[98]青岛市水务集团有限公司.青岛市海水淡化产业发展规划(2017-2030)[R/OL].(2020-08-19)[2022-02-23].http://www.qdwater.com.cn/WebSite/Detail.aspx? id=8025.

[99]青岛市城市管理局.青岛市城市管理局城市雨水收集利用管理暂行办法(青城管〔2016〕52号)[R/OL].(2016-05-11)[2022-02-23].http://www.qingdao.gov.cn/n172/n24624151/n24626815/n24626829/n24626843/160511164615243155.html.

[100]中华人民共和国建设部.城市居民生活用水量标准:GB/T 50331—2002[S].北京:中国建筑工业出版社,2022.

[101]青岛市城市管理局.青岛市城市管理局城市雨水收集利用管理暂行办法[R/OL].(2016-04-01)[2022-02-23].http://www.qingdao.gov.cn/n172/n24624151/n24626815/n24626829/n24626843/160511164615243155.html.

[102]青岛市人民政府办公厅.青岛市实行最严格水资源管理制度考核办法[R/OL].(2013-12-3)[2022-02-23].http://rdcwh.qingdao.gov.cn/n8146584/n31031327/n31031348/n31031355/150821172308064182.html.

[103]中华人民共和国国务院.国务院关于实行最严格水资源管理制度的意见[R/OL].(2012-1-12)[2022-02-23].http://www.gov.cn/zwgk/2012-02/16/content_2067664.htm.

[104]青岛市政府办公厅文秘处.关于试行地表水环境质量生态补偿工作的通知(青政办字〔2018〕113号)[R/OL].(2018-11-10)[2022-02-23].http://www.qingdao.gov.cn/n172/n24624151/n24672217/n24673564/n24676498/181101145737626832.html

[105]青岛市委办公厅.青岛市全面实行河长制实施方案[R/OL].(2017-10-20)[2022-02-23].http://www.qingdao.gov.cn/n172/n24624151/n24626815/n24626829/n24626857/171024145609534286.html.

[106]山东省人民政府.山东省人民政府关于《山东省水安全保障总体规划》的批复(鲁政字〔2017〕224号)[R/OL].(2017-12-23)[2022-02-23].http://www.shandong.gov.cn/art/2017/12/28/art_2259_24268.html.

[107]山东省水利厅.山东省水利厅关于抓紧编制各市水安全保障规划和实施方案的通知(鲁水发规函字〔2018〕8号)[R/OL].(2018-3-23)[2022-02-23].http://www. ccgp-shandong. gov. cn/sdgp2017/site/readcontract. jsp? id＝200023773.

[108]青岛市人民政府.青岛市水污染防治行动计划[R/OL].(2016-8-26)[2022-02-23].http://www.qingdao.gov.cn/n172/n68422/n68424/n31280703/n31280704/160906114522523437.html.

[109]青岛市生态环境局.青岛市落实水污染防治工作行动计划实施方案[R/OL].（2016-9-9）[2022-02-23]. http://www. qingdao. cn/n172/n24624151/n24628355/n24628369/n24628397/160909154505820630.html.

[110]中华人民共和国生态环境部.环境空气质量标准:GB 3095—2012[S].北京:中国环境科学出版社,2012.

[111]青岛市水务管理局.青岛市水务发展"十四五"规划(2021-4-16)[2022-02-23].http://www.qingdao.gov.cn/n172/n24624151/n24627235/n24627249/n24627277/210416111416326070.html.

[112]中华人民共和国财政部.关于组织申报2015年"海绵城市"建设试点城市的通知[R/OL].（2015-01-20）[2022-02-23]. http://jjs. mof. gov. cn/tongzhigonggao/201501/t20150121_1182677.htm.

[113]中华人民共和国国务院办公厅.关于推进"海绵城市"建设的指导意见(国办发〔2015〕75号)[R/OL].(2015-10-16)[2022-02-23].http://www.gov.cn/zhengce/content/2015-10/16/content_10228.htm.

[114]中华人民共和国财政部.关于组织申报2016年"海绵城市"建设试点城市的通知[R/OL].（2016-02-25）[2022-02-23].http://mohurd.gov.cn/wjfb/201603/t20160302_226802.html.

[115]中华人民共和国财政部办公厅.关于开展系统化全域推进"海绵城市"建设示范工作的通知(财办建〔2021〕35号)[R/OL].(2021-04-25)[2022-02-23]. http://www. gov. cn/zhengce/zhengceku/2021-04/26/content_5602408.htm.

[116]中华人民共和国国家发展和改革委员会.关于印发生态保护与建设示范区名单的通知(发改农经〔2015〕822号)[R/OL].(2025-04-23)[2022-02-23].https://www. ndrc. gov. cn/xxgk/zcfb/tz/201504/t20150429_963814. html?code＝&state＝123.

[117]中华人民共和国住房和城乡建设部建筑节能与科技司.住房和建设部城市建设司 2014 工作要点(建城综函〔2014〕23 号)[R/OL].(2014-04-28)[2022-02-23].http://www.gov.cn/guowuyuan/2014-03/04/content_2627907.htm.

[118]中华人民共和国住房和城乡建设部."海绵城市"建设技术指南——低影响开发雨水系统构建(试行)[R/OL].(2014-10-21)[2022-02-23].http://www.mohurd.gov.cn/wjfb/201411/W020141102041225.pdf.

[119]中华人民共和国商务部.中共中央关于制定国民经济和社会发展第十四个五年规划和 2035 年远景目标建议.[R/OL].(2020-10-29)[2022-02-23].http://zhs.mofcom.gov.cn/article/zt_shisiwu/subjectcc/202107/20210703176009.shtml.

[120]中华人民共和国国务院办公厅.关于加快推进"海绵城市"建设的通知.[R/OL].(2015-10-16)[2022-02-23].http://www.gov.cn/zhengce/content/2015-10/16/content_10228.htm.

[121]胶州市商务局.青岛市城市总体规划(2011~2020 年)[R/OL].(2013-03-15)[2022-02-23].http://www.jiaozhou.gov.cn/n1822/n2143/n2144/n2146/170911163216833583.html.

[122]中华人民共和国住房和城乡建设部办公厅."海绵城市"建设绩效评价与考核指标(试行)(建办城函〔2015〕635 号)[R/OL].(2015-07-10)[2022-02-23].http://mohurd.gov.cn/wjfb/201507/t20150715_222947.html.

[123]中华人民共和国生态环境部.地表水环境质量标准:GB 3838—2002[S].北京:中国环境科学出版社,2002.

[124]中华人民共和国住房和城乡建设部办公厅."海绵城市"建设技术指南——低影响开发雨水系统构建(建城函〔2014〕275 号)[R/OL].(2014-11-3)[2022-02-23].https://www.mohurd.gov.cn/gongkai/fdzdgknr/tzgg/201411/20141103_219465.html.

[125]青岛市人民政府.青岛市西海岸新区总体规划(2018~2035 年)[R/OL].(2018-10-23)[2022-02-23].http://www.shandong.gov.cn/art/2018/10/23/art_2259_28845.html.

[126]青岛市人民政府办公厅.关于加快推进"海绵城市"建设的实施意见[R/OL].(2016-03-31)[2022-02-23].http://www.qingdao.gov.cn/n172/upload/191209170318133851.

[127]北京清环智慧水务科技有限公司."海绵城市"分层级系统化监测方案[R/OL].(2017-11-27)[2022-02-23].http://www.thuenv.com/h-pd-23.html.

[128]中华人民共和国住房和城乡建设部.室外排水设计规范:GB 50014—2021[S].北京:中国建筑工业出版社,2021.

[129]青岛市城市管理局.青岛市城市区域雨水排放管理暂行规定(青城管〔2016〕51号)[R/OL].(2016-05-11)[2022-02-23].http://csglj.qingdao.gov.cn/n28356056/n32562150/n32562170/180428161229537178.html.

[130]中华人民共和国住房和城乡建设部办公厅."海绵城市"建设绩效评价与考核办法(试行)〔2015〕635号[R/OL].(2015-07-10)[2022-02-23].https://www.mohurd.gov.cn/gongkai/fdzdgknr/tzgg/201507/20150716_222947.html.

二、外文文献

[1]HOEKSTRA A Y.Perspective on water:an integrated model-based exploration of the future[M].Utrecht:International Books,1998.

[2]VICENTE P P B. Water resources in Brazil and the sustainable development of the semi-arid north east [J].Water Resources Development,1998,14(2):183-189.

[3]RIJSBEMAN M A,VEN FHM V D. Different approaches to assessment of design and management of sustainable urban water systems[J].Environmental Impact Assessment Review,2000,20(3):333-345.

[4]BOSSEL H.The human actor in ecological-economic models:policy assessment and simulation of actor orientation for sustainable development[J].Ecological Economics,2000,35(3):337-355.

[5]RAO D P.A remote sensing-based integrated approach for sustainable development of land water resources[J].Transactions on Systems,Man and Cybernetics Part C:Applications and Reviews,2001,31(2):207-215.

[6]TONY A J A.Virtual water—the water,food,and trade nexus useful concept or misleading metaphor? [J].Water International,2003,28(1):106-113.

[7]HOEKSTRA A Y,HUNG P Q.Globalization of water resources:International virtual water flows in relation to crop trade [J].Global Environmental Change,2005,15(1):45-56.

[8]HOEKSTRA A Y. The water footprint:water in the supply chain[J]. The Environmentalist,2010,93(2):12-13.

[9]COBBINA S J,ANYIDOHO L Y,NYAME F,et al. Water quality status of dugouts from five districts in Northern Ghana: implications for sustainable water resources management in a water stressed tropical savannah environment[J]. Environmental Monitoring and Assessment, 2010, 167 (1): 405-416.

[10] SCHNEIDER R L. Integrated watershed-based management for sustainable water resources[J]. Frontiers of Earth Science in China, 2010, 4(1):117-125.

[11]CHAPAGAIN A K,HOEKSTRA A Y.Water footprints of nations [C].Value of Water Research Report Series No.16. Delft,Netherlands,2004: 1-80.

[12]BOSSEL H.Indicators of sustainable development:Theory,Method, Applications [R]. International Institute of Sustainable Development, Winnipeg,1999,20-25.

[13] ALLAN J A.Virtual water:A long term solution for water short middle eastern economies? [R].British:University of Leeds,1997.

[14]MAGHERI A,HJORTH P. A framework for process indicators to monitor for sustainable development: practice to an urban water system[J]. Environment, Development and Sustainability, 2007,9(2):143-161.

[15]SAMUEL J,LOUIS A,FRANK N,et al. Water quality status of dugouts from five districts in Northern Ghana: implications for sustainable water resources management in a water stressed tropical savannah environment[J].Environmental Monitoring and Assessment,2010,167(1-4): 405-416.

[16] SCHNEIDER R L. Integrated watershed-based management for sustainable water resources[J].Frontiers of Earth Science in China, 2010, 4(1):117-125.

[17]OLGA L U P,AINA G G,ANDRES G G,et al. Methodology to assess sustainable management of water resources in coastal lagoons with agricultural uses: an application to the Albufera lagoon of Valencia (Eastern

Spain)[J].Ecological Indicators,2012,13(1):129-143.

[18] ADELODUN B, CHOI K S. Exploring sustainable resources utilization: interlink between food waste generation and water resources conservation[M]. Agricultural Civil Engineering, Institute of Agricultural Science & Technology, Kyungpook National University Press, 2019, 408-408.

后　记

　　《城市"四水一体"绿色可持续发展新模式探究》一书的书稿即将完结，提笔思量，需要感谢的人实在是太多太多。在此，先代表本书的著作团队，向对本书出版提供过帮助的单位和个人表示诚挚的谢意！

　　本书中所做的研究注重对科研成果的转化，注重"政、产、学、研、金、服、用"相结合。例如，在"政"方面，山东省委、山东省政府与青岛市委、青岛市政府深入实施了创新驱动发展战略，加快推进新旧动能转换，本研究紧紧围绕"低碳生态发展"这一国家战略方针，积极推动"海绵城市"高质量规划建设。在"学"方面，本研究根据研究对象的实际情况，将 SD 模型、MOP 方法等模型与方法融入相关研究之中。在"研"方面，本书作者发表有多篇相关的学术论文（其中 SCI 收录论文 1 篇，CSSCI 收录论文 1 篇，中文核心期刊收录论文 4 篇，单篇论文最高被引频次已达到 10 次），申请国家发明专利 3 项。在"金"方面，在不考虑未量化的效益的情况下，约 30 km^2 的西海岸核心区新区在"海绵城市"建成后，每年将产生至少 2.15×10^7 元的综合效益（含经济效益、生态效益和社会效益）。在"服"与"用"方面，我们的研究成果"城市水资源可持续利用体系概念规划研究"已经被青岛市水利勘测设计研究院有限公司采用，并作为编制《青岛市2035 年水资源配置工程网络规划》《青岛市西海岸新区规划建设总体方案水资源论证》《崂山区水资源调查评价》等规划的参考资料；研究成果"实现海绵城市的规划探索"已经被青岛市西海岸新区海洋高新区（中央活力区）采用，并作为该区及西海岸新区开展"海绵城市"专项规划建设工作的重要参考材料。

　　本书的基础和支撑是住房和城乡建设部 2015 年的科学技术项目"实现海绵城市的规划探索——以青岛市为例（项目编号：2015-R2-026）"和山东省住房

和城乡建设厅 2018 年的研究开发项目"城市水资源可持续利用体系概念规划研究——以青岛市为例（项目编号：2018-K2-09）"。这两个研究项目的共同之处不仅在于研究对象同为"青岛市"，更重要的是这两个研究项目的核心内容都是牢牢围绕"水"这一主题。因此，在第二个项目的推进过程中，我们便产生了整合二者进行研究，并出版一部为城市水资源规划提供参考的著作的想法。经过参与项目的核心成员的讨论与整合，最终完成了本著作。

从 30 个"海绵城市"试点城市的反馈结果及 2021 年的"7·20"郑州极端降雨洪涝灾害事件中可以看出，"海绵城市"建设对减少城市开发带来的生态环境影响，加强水安全防治等方面都有积极的作用。但是，在建设"海绵城市"的过程中，LID 措施所能控制的削减量所占降雨径流总量的比重极小，仅仅依靠"海绵城市"中的 LID 措施是无法有效降低发生暴雨或极端降雨事件时出现洪涝灾害的风险的。在后续的研究中，我们将开展如何构建小流域尺度下的"海绵"防洪排涝体系的相关研究，以期为提升中国特色"海绵城市"在洪涝防灾减灾中的作用提供借鉴和启示。随着低碳生态理念的推广，我们在后续的研究中还将继续进行"碳汇目标导向下的'海绵城市'生态系统规划探索"等相关研究，以期为城市绿色高质量发展提供更多的参考依据和科学指导。

最后，我们要感谢本书的出版资助单位——青岛市城市规划设计研究院。本书的出版恰逢青岛市城市规划设计研究院建院四十周年之际，在此也将本书作为青岛市城市规划设计研究院院庆四十周年的献礼，祝青岛市城市规划设计研究院在迈向第二个百年奋斗目标的新征程中创造新的辉煌。还要感谢中国海洋大学的王琳教授、上海发展战略研究所的张靓助理研究员、中国海洋大学的周玲玲副教授、山东城市建设职业学院的韩萍副教授、青岛市水务事业发展服务中心的温洪启研究员、青岛市供水事业发展中心原主任张国辉、中国海洋大学的杨玲博士、武汉大学的陈刚博士等专家、学者与朋友在书稿编撰过程中给予的支持和帮助。

本书能够顺利出版还得到了很多其他专家和朋友的支持，在此一并对他们的关心、支持和帮助表示感谢！

张相忠　王晋

2022 年 2 月 17 日